世图心理

博客：http://blog.sina.com.cn/bjwpcpsy
微博：http://weibo.com/wpcpsy

家是我们开始的地方

HOME IS WHERE WE START FROM

[英] D.W. 温尼科特 著

陈迎 译

顾红梅 审校

世界图书出版公司
北京·广州·上海·西安

图书在版编目（CIP）数据

家是我们开始的地方 /（英）D.W.温尼科特(Donald W. Winnicott) 著；陈迎译. —北京：世界图书出版有限公司北京分公司，2019.08
书名原文: Home is Where We Start From：Essays by a Psychoanalyst
ISBN 978-7-5192-5359-2

Ⅰ.①家… Ⅱ.①D…②陈… Ⅲ.①心理学—文集 Ⅳ.①B84-53

中国版本图书馆CIP数据核字（2018）第285211号

HOME IS WHERE WE START FROM: ESSAYS BY A PSYCHOANALYST
By D. W. WINNICOTT, COMPILED AND EDITED BY CLARE WINNICOTT, RAY SHEPHERD, MADELEINE DAVIS
Copyright: © 1986 BY WINNICOTT TRUST
This edition arranged with THE MARSH AGENCY LTD
through Big Apple Agency, Inc., Labuan, Malaysia.
Simplified Chinese edition copyright:
2019 BEIJING WORLD PUBLISHING CORPORATION
All rights reserved.

书　　名	家是我们开始的地方 JIA SHI WOMEN KAISHI DE DIFANG
著　　者	［英］D.W.温尼科特（Donald W. Winnicott）
译　　者	陈　迎
审　　校	顾红梅
责任编辑	王　洋
装帧设计	佟文弘
出版发行	世界图书出版有限公司北京分公司
地　　址	北京市东城区朝内大街137号
邮　　编	100010
电　　话	010-64038355（发行）　64037380（客服）　64033507（总编室）
网　　址	http://www.wpcbj.com.cn
邮　　箱	wpcbjst@vip.163.com
销　　售	新华书店
印　　刷	三河市国英印务有限公司
开　　本	880mm × 1230mm　1/32
印　　张	9.75
字　　数	221千字
版　　次	2019年10月第1版
印　　次	2019年10月第1次印刷
国际书号	ISBN 978-7-5192-5359-2
定　　价	49.80元

版权所有　翻印必究
（如发现印装质量问题，请与本公司联系调换）

一位精神分析师的随笔集

由克莱尔·温尼科特、雷·谢泼德和玛德琳·戴维斯主编

家是人开始的地方

我们年岁越长

世界就变得越发奇怪

死者的和生者的

模式更加复杂

不是那激情的时刻

孤立起来,没有前,也没有后

而是每个时刻都在燃烧的一生时间

T. S. 艾略特
"东库克",《四个四重奏》

家是我们开始的地方

D. W. 温尼科特1896年出生于普利茅斯一个富裕的新教徒家庭,在剑桥的雷斯学校接受了教育。他曾在圣巴塞洛缪医院为海军服兵役,一段时间之后,他开始在剑桥大学学习医学,并最终完成了学业。他在还非常年轻的时候,就以一名儿科医生的身份崭露头角,获得在伊丽莎白女王医院和帕丁顿绿色儿童医院荣誉出诊的机会。在这个过程中,他越来越关注他的小病人们的情绪情感问题,于是他加入了伦敦的一个精神分析师团体。这个团体深受西格蒙德·弗洛伊德的影响。"二战"期间,他被任命为"旅社计划"的精神科顾问,这是牛津郡的一项疏散儿童的项目。战后,他越来越多地参与到不列颠精神分析协会的工作中,并两次成为协会主席。

战后,他自己的关于情感发展和早期环境对人格影响的观点出现于一系列书籍和文章中,这些作品既有非常专业的,也有畅销类的。这些观点,连同与他同时期那些心理学家的理论,形成了精神分析领域的不列颠"客体关系"学派。温尼科特独特的优势在于:他拥有对孩子们的非凡的共情力;基于儿科的从医经验,他可以准确把握儿童的身心状况;他善于用清晰的文笔和广泛而深刻的文化兴趣来表达复杂而新颖的思想。他于1971年去世,留下了大量文字。至今，仍有大批来自世界各地和各个领域的温尼科特追随者，他们在不断消化、吸收、评价他的理论。他所著的《儿童、家庭和外部世界》《游戏与现实》《小猪：对一个小女孩的精神分析记录》均由企鹅图书出版。

创造一个可以开始的地方

当我知道自己有机会参与《家是我们开始的地方》中文版的部分出版工作时,便有一种欣喜在心中生长。

近年来,温尼科特的宝贵遗产被越来越多的人熟知与认可。随着英文版温尼科特全集的出版,其著作的中译版也越来越多。回想起来,我在刚开始学习精神分析的时候,温尼科特文献的中译版还很少,彼时,学界对其英文文献的整理也不甚详尽,我就像个贪婪的小孩子,四处去翻寻。现在,能参与到《家是我们开始的地方》一书的出版工作中来,于我是大大的福利与荣耀。

温尼科特是一位伟大的精神分析师,他用其深刻与独到的视角,为我们展示了个体如何从依赖走向独立、从家庭走向社会、从稚嫩走向成熟,也展示了社会是如何被其中的个体所影响的。

带着对人性的理解与洞察,带着对人类发展潜能的尊重与敬畏,带着对人类社会深深的责任感,他除了在自己的治疗工作和学术研究领域耕耘,还非常努力地向大众传播精神分析的思想,这其中也包括其独创的思想。

他给普通的妈妈们做广播节目、为牧师与社工做培训、给教师和医学生做演讲……他不厌其烦地告诉大家,个体如何拥有着无意识动机，最初的养育环境如何影响人的一生，家庭如何成为我们出发的基地，如何识别和帮助处于困难中的青少年，整个社会的进步又如何依靠着社会中的健康个体。

他说："孩子必须确认自己可以随时退回来，才可以安心地向前发展。"

他说："抑郁是为了实现整合而付出的代价。"

他说："世界上有一些人比住在精神病院里的那些人病得更严重。"

他说："一个社会的健康度一定不会高于其中大多数健康个体的健康度，因为我们必须同时带上那些不健康的个体一同前行。"

他说："创造性的活动、充满想象力的玩耍，以及建设性的工作，这样的机会是我们试图平等地给予每一个人的。"

……

所有这些，温暖而慈悲，睿智而充满力量。

这些文字不只给心理学临床工作者以指引，同时给所有普通人以启示。每个人在最开始的时候都需要一个环境，它与我们的潜能相匹配，能够促进我们的发展，同时，每个人也都有可能为自己和他人创造这样的环境，在不同程度上帮助人们，使他们可以如生命最早期那样再次出发。

在此与每一位有幸读到这些文字的朋友共勉。

顾红梅

2019年7月

序

当温尼科特于1971年逝世的时候,他还有大约80篇论文从来没有出版过。与此同时,还有他的一些已经出版的书籍和发表在期刊上的论文,已经很难找到了。目前这本集子的内容主要来自这两部分。为了让本书更完整,我们还增加了一些章节,它们由温尼科特著作中的几篇论文(原始出版信息登于此序之后的致谢部分)组成。

温尼科特也曾计划将他的作品进一步结集出版,但如果他这么做了,他对于素材的选择与编排就不大可能和我们一样。因而,如何选择成为我们的责任,我们非常感谢罗伯特·托德在初始阶段的帮助。对于未出版过的论文,我们特地尽量减少对其的编辑,即使我们认为温尼科特本人很可能会在把它们公之于众之前润色一番。

我们为此书挑选文章的原则主要是这些文章的趣味性和关注点的广度。它们大多从演讲和讲座而来,因为温尼科特很喜欢接受在不同听众面前演讲的邀请。所以,本书中文章的观点和主题会有重复,但我们希望,这能够充分显示出他深刻的信念,即社会的结构反映出了个体和家庭的性质,以及他身上强烈的对于他所生活的这个社会的责任感。我们同样希望，这本书会为读者带来愉悦——这一点会是温尼科特特别期待的。

克莱尔·温尼科特

雷·谢泼德

玛德琳·戴维斯

1983年2月，于伦敦

致　谢

　　出版方对能够有机会再次呈现已经在下列书籍和期刊中已出版过的内容，表示感谢：

　　1."健康个体的概念"曾刊载于《走近社会精神健康》，由J.D.萨瑟兰编辑（塔维斯多克出版社，1971年）。

　　2."总和，我是"曾刊载于《数学教学》（1984年3月刊）。

　　3."抑郁的价值"曾刊载于《英国精神社会工作期刊》（1964年，第7卷，第3册）。

　　4."作为希望迹象的青少年犯罪"曾刊载于《监狱服务期刊》（1968年4月，第7卷，第27册）。

　　5."母亲对社会的贡献"曾刊载于《儿童与家庭》（塔维斯多克出版社，1957年）；该章节的一部分还曾刊载于对《儿童、家庭和外部世界》（企鹅图书，1984年）的介绍中。

　　6."儿童学习"曾刊载于《人类家庭与上帝》（基督教教育团队工作研究会，1968年）。

　　7."青少年的未成熟性"曾刊载于《英国学生健康协会会议记录》（1969年）以及《游戏与现实》（塔维斯多克出版社，1971年；基础图书，1971年；企鹅图书，1985年），该章节的一部分曾刊载于《儿科学》（1969年11月，第44卷，第5册）。

8. "思考和无意识"曾刊载于《自由派杂志》（1945年3月）。

9. "漠视精神分析研究的代价"曾刊载于《心理健康的代价：心理健康年会全国协会报告》（伦敦，1965年）。

10. "自由"（法语版）曾刊载于《新精神分析学杂志》（1984年，第30册）。

11. "对'民主'一词含义的一些思考"曾刊载于《人类关系》（1950年6月，第3卷，第2册）以及《家庭和个人发展》（塔维斯多克出版社，1965年及1968年）。

本书中的下列内容为首次出版：

1. "精神分析与科学：是朋友还是亲属？"，1961年；

2. "充满创造力地生活"，1970年；

3. "假性自体的概念"，1964年；

4. "攻击、内疚和补偿"，1960年；

5. "心理疗法的多样性"，1961年；

6. "治愈"，1970年；

7. "家庭群体中的儿童"，1966年；

8. "今天的女权主义"，1964年；

9. "避孕药和月亮"，1969年；

10. "关于战争目的的讨论"，1940年；

11. "柏林墙"，1969年；

12. "君主制的地位"，1970年。

编辑人员感谢斯贵格基金会在出版"避孕药和月亮"手稿方面提供的帮助,以及科林·莫雷博士在索引架构方面提供的帮助。

目录 CONTENTS

精神分析与科学：是朋友还是亲属？⋯⋯⋯⋯⋯001

第一部分　健康和疾病

健康个体的概念⋯⋯⋯⋯⋯⋯⋯⋯⋯⋯⋯010

充满创造力地生活⋯⋯⋯⋯⋯⋯⋯⋯⋯⋯030

总和，我是⋯⋯⋯⋯⋯⋯⋯⋯⋯⋯⋯⋯⋯048

假性自体的概念⋯⋯⋯⋯⋯⋯⋯⋯⋯⋯⋯061

抑郁的价值⋯⋯⋯⋯⋯⋯⋯⋯⋯⋯⋯⋯⋯068

攻击、内疚和补偿⋯⋯⋯⋯⋯⋯⋯⋯⋯⋯079

作为希望迹象的青少年犯罪⋯⋯⋯⋯⋯⋯091

心理治疗的多样性⋯⋯⋯⋯⋯⋯⋯⋯⋯⋯103

治愈⋯⋯⋯⋯⋯⋯⋯⋯⋯⋯⋯⋯⋯⋯⋯116

第二部分　家庭

母亲对社会的贡献⋯⋯⋯⋯⋯⋯⋯⋯⋯⋯128

家庭群体中的儿童⋯⋯⋯⋯⋯⋯⋯⋯⋯⋯134

儿童学习⋯⋯⋯⋯⋯⋯⋯⋯⋯⋯⋯⋯⋯149

青少年的未成熟性⋯⋯⋯⋯⋯⋯⋯⋯⋯⋯158

第三部分　对社会的反思

思考和无意识 178

漠视精神分析研究的代价 181

今天的女权主义 193

避孕药和月亮 207

关于战争目的的讨论 226

柏林墙 240

自由 248

对"民主"一词含义的一些思考 260

君主制的地位 282

精神分析与科学：是朋友还是亲属？

1961年5月19日，为牛津大学科学协会做的演讲。

精神分析是运用心理学方法治疗精神病人的一种方法，也就是说，并不使用器械、药物以及催眠术。它是由弗洛伊德在19世纪末20世纪初建立的，那时，人们正在使用催眠术消除症状。弗洛伊德对于他自己及其同僚的治疗结果并不满意，而且他发现，如果他用催眠术消除了病人的一个症状，他就很难再进一步了解他的病人，因而他在与一位病人一起工作时调整了使用在该病人身上的设置，使双方的关系建立在平等的条件之上，让时间发挥作用。那位病人每天都在设定好的时间前来，两个人也都不急着消除症状，这时，一件更为重要的事情发生了：这能让病人向自己袒露自我。用这种方式，弗洛伊德也更加了解情况，并且，他既把获得的信息用于解释这位病人的状况，也用于逐渐建立起一门新的科学——现在我们称之为精神分析。它也可以被称为动力心理学。

所以，精神分析这个术语特指一种方法，一个正在成长的理论体系。这个理论关注的是人类个体的情感发展。它是一门建立在一种科学基础上的应用科学。

你会注意到，我把"科学"这个词漏掉了，透露出我自身的一种观点，即弗洛伊德确实开创了一门新的科学，它是生理学的一种延伸，关心的是人的人格、性格、情感和心之所向。这是我的论点。

但是科学意味着什么？这是一个经常被问起并被回答的问题。

关于科学家，我会说：当出现一个知识缺口时，科学家不会逃避到超自然解释中去。逃避意味着恐慌、对未知的恐惧以及一种非科学的态度。对科学家而言，每一个理解上出现的缺口都是一个令人兴奋的挑战。无知不再蔓延，一项研究计划被开发出来。缺口的存在就是促使科学家完成工作的最好激励。科学家是可以承受等待和未知的。这意味着他心怀某种信念——不是信这个或信那个，而是一种信心，或者说，一种相信的能力。"我现在还不知道。好吧！也许有一天我就会知道了。或者可能不会。但或许别的什么人会的。"

对于科学家来说，问题的形成几乎就是全部。答案，即使最终被找到了，也只是引向另外一些问题。科学家的噩梦是关于知识完全性的想法。一想到这个，他就会不寒而栗。把这一点和宗教的确定性相比较，你就会看到科学与宗教是多么不同。宗教用确定性替代了质疑。科学则永远"质疑"，并蕴含着信念。对什么的信念？或许什么都不是，只是一种相信的能力。或者，如果一定要相信什么的话，相信的就是支配现象的必然规律。

精神分析在生理学止步的地方继续前进。它拓展了科学的疆域，将其延伸至人类人格、感觉和冲突的相关现象，从而使人类的本性得到研究。在这些方面，我们的无知暴露了出来，但精神分析学能够等待，它不需要滑落至那些迷信的构想中去。科学的主要贡献之一就是它向急迫、大惊小怪和烦扰喊了停，它为短暂的修整提供了时间。我们可以在玩滚木球游戏的同时打败西班牙人。①

我请你在头脑中将科学与应用科学加以区分。一天又一天，作为应用科学的从业者，我们去满足病人的需要，以及那些前来要求得到分析的正常人的需要。我们有时成功了，有时失败了。我们失败的时候很无助，就像飞机在一个糟糕的时刻出现了金属结晶化并解体一样无助。应用科学并不是科学。当我进行分析的时候，那不是科学。但是我在工作时依靠的是科学，这些工作在弗洛伊德出现之前是不可能被完成的。

弗洛伊德做到了在他有生之年使精神分析的基础理论得到了长足发展。这个理论通常被称为心理玄学（从"玄学"类推而来）。他研究神经官能症，但逐渐将研究延伸至那些受到更深困扰的病人中去，包括精神分裂症患者和躁狂抑郁症患者。我们现在知道的很多关于精神分裂症和躁狂抑郁症的心理知识都是弗洛伊德以及那些继续使用他所发明的调查和治疗方法的人的工作成果。

在这里，我有一个不便之处，那就是我并不认识你们，我不知

---

① 1588年7月30日，西班牙无敌舰队靠近英国普利茅斯港，英国海军弗朗西斯中将却在附近忙着玩滚木球游戏，直到"无敌舰队"距离海岸只剩50千米时，他才平静地说："我们结束这场球后再去对付西班牙人。"——译者注

道你们知道什么，不知道你们是否很容易同意我刚才所说的，或者你们有与我非常不同的想法，而认为我忽视了它们。可能你们会想让我形容一下精神分析，我会试着这么做的。当然，如果要展开讲的话，那么要说的真是太多了。

首先，你们必须有关于人类情感发展的总体体系的观念。然后，你们需要了解生命所固有的紧张感，以及那些用于应对这些紧张感的方法。另外，你们必须要知道正常防御系统的崩溃以及第二和第三道防线的建立，换句话说，在正常防御系统失效时，病症是一种使个体继续生存下去的方式。在压力之下的，是本能，是那些狂乱运作的身体功能。

当然，个体对无法忍受的焦虑的防御，从一部分上讲，永远都是环境的产物。通常，生活背景会随着个体的发展而不断进化，因而婴儿的依赖性会逐步发展为儿童的独立性以及成年人的自主性。这些都是非常复杂的，已经得到了非常具体的研究。

从环境破坏的角度将疾病进行分类是可能的。然而，更加有趣的是从个体的防御系统来研究疾病。这些防御方式中的每一条路线都能教会我们很多关于正常人的生活的事情：一是教会我们认识社会，二是教会我们了解人类个体的紧张感，而这正是哲学家、艺术家以及宗教的关注点。换句话说，精神分析深深地影响了我们看待人生的方式，而且，相对于精神分析已经给关于社会和普通人的研究所带来的那些，它还会带给我们更多。同时，精神分析正继续作为一种方法存在着，目前还没有出现可与之并行或匹敌的其他方法。但是很多人并不喜欢精神分析，或者不喜欢精神分析的观点，所以当前在英国执业的分析师的数量相对较少，而且他们几乎都住在伦敦。

关于人，精神分析主要告诉了我们什么？它是关于无意识的，是关于深深地隐藏在每一个人类个体里的那个生命，它植根于个体早期童年的真实生活和想象中的生活。最开始，这两种生活——真实的和想象的——是一体的并且在实质上是相同的，因为婴儿最初不会客观地感知周围，而是生活在一种主观的状态里——他是一切的创造者。渐渐地，一个健康的婴儿变得有能力觉知到这个世界是一个非我的世界，为了达到这种状态，这个婴儿必须在完全依赖他人的阶段得到足够好的照顾。

通过梦境和做梦，人们了解到了他们自己的无意识。梦成为有意识的生活和无意识现象之间的桥梁。弗洛伊德的《梦的解析》（1900）至今仍然是他的贡献的奠基石。

当然，梦境常常只是因为会诊的特殊环境才浮现出来。精神分析会提供额外的特殊环境，而且在精神分析中，最重要的梦总是间接或直接地与分析师有关。被压抑的无意识揭示了那些为了抵抗焦虑而产生的防御。在这方面，有一大串案例，在这些案例中，可供诠释的素材正是在"移情"中出现的。

精神分析和科学有着特殊的亲属关系，因为它在以下几个方面显现出了科学的性质：

1. 科学家的起源；
2. 科学研究用来处理关于幻想和现实的焦虑的方式（主观—客观）；

3."创造冲动"这一科学方法，这是作为一个"新问题"出现的，即这有赖于对现有知识的知晓。

新问题的产生是因为产生了想要解决它的想法。科学方法的顺序可以被视为：（1）建立预期；（2）接受证据或相关的证据；（3）从相关的失败中产生新的问题。

那么，统计数据呢？是科学吗？统计数据可以被用来证明一个问题的某些答案是正确的，但是它是谁的问题？谁的答案？

有时我们会看到一种论点，说精神分析师是这样一种精神科医生——由于自己接受了精神分析，才倾向于使用精神分析的方法。即使在一些事例中确是如此，但也仅此而已。它并不能证明精神分析理论是错的。为了实践精神分析，分析师必须亲自体验过，除非他有弗洛伊德的天赋。

就像催眠术一样，在精神分析中发生了一些令人惊讶的事情，但并不是以一种令人惊讶的方式发生的。这些事是一点点出现的，发生了的就这么发生了，因为对病人来说是完全可以接受的。我无法给出令人拍案叫绝的精神分析实例。要在儿童精神病方面找到一些戏剧性变化的事例还容易些，但在精神分析中，患者和分析师是一天又一天地艰难而缓慢地前进着，直至治疗结束。

举例来说，有一个男人来做分析，因为他无法接受婚姻。慢慢地，他暴露了自我，他发现自己：（1）健康的异性恋倾向受到了干扰；（2）干扰因素是女性身份认同，而这种认同是对同性恋的逃避；（3）他过于彻底地接受了乱伦禁忌。于是他重获自由，可以和女孩交往了，因为没有人再代表俄狄浦斯情结中的母亲了。问题逐渐得到了解决，他结婚了，建立了家庭。下一个问题是整理他与他的兄弟之间的关系，他曾经否认兄弟的存在。在这个过程中，他发现了自己作为一个小男孩对父亲的深深的爱。

随后，他发觉自己对父亲身份的厌恶变得可控了，在工作中，他也变得更好相处。另一个新的目标出现了：从更深以及更早的方面，探索他对母亲的爱，包括存在于原始冲动中的自我的根源。结果，不仅他的症状被治愈了，他还有了建立在更广阔的基础上的人格，他的感觉更加丰沛，对他人更加宽容，因为他对自己更加确信了。从他面对宝宝的方式以及他可以看到自己精心挑选的妻子的价值这一点上，这已经很明显了。与此同时，他的事业也得到了发展，他的干劲更足，创造力更强。

而统计数据是不能显示出这些变化的。

第一部分
健康和疾病

健康个体的概念

1967年3月8日，给皇家医学心理协会心理治疗与社会精神病分部做的报告。

序言

当我们谈论人的时候，常常会使用"正常"和"健康"这两个词。一般情况下，我们大概知道自己想表达什么。在试图表达清楚自己的意思的过程中，我们往往会从中获益，但也有风险，那就是说出一些显而易见的事，或是发现我们其实并不知道答案。无论如何，我们的立场都会随着时代而进步，因此，一项在四十年代适合我们的论述可能在六十年代看起来就无法很好地为我们服务了。

我不想引用那些探讨过相同话题的作者的话作为开场。同时我想说，我的大部分概念都是从弗洛伊德的概念演化来的。

我希望我不会陷入这样一个思维误区，即可以脱离个体的社会位置对他进行评估。个体的成熟意味着迈向独立，但这世上并不存在毫无依赖的独立。对于个体来说，如果他如此抽离乃至于感觉到自己完全独立、刀枪不入，那么这可能反而是不健康的。如果这样的人当真存在的话，那么依赖一定发生了——依赖于精神科护士或者他的家庭。

然而，我还是会继续探讨个体健康这个概念，因为社会健康有赖于个体健康，社会是无数个体的叠加。社会健康不会比个体健康的总体走得更远，实际上也的确无法走得太远，因为社会还需要带着那些不健康的成员一起前进。

年龄成熟

关于发展，我们可以说，健康意味着一个人的成熟度符合他的生理年龄。早熟的自我发展或自我意识并不比晚熟的更健康。成熟化倾向是遗传下来的。发展的实现以一种错综复杂的方式（在这方面，已经有很多研究）依赖于一个足够好的环境，特别是在一开始的时候。可以说，一个足够好的环境为个体的遗传倾向提供了有利条件，因此发展会按照这些遗传下来的倾向发生。如果我们要探讨个人的情感发展，也就是心理形态学（我总在想这个术语能否取代"心理学"这个词，后者已经被广泛应用，人们还为其加了一个前缀"动力"），那么遗传和环境属于外部因素。

很有用的一种假设是，一个足够好的环境始于母亲对婴儿需求的高度适应。通常，一位母亲是能够做到这一点的，因为她处于一种特殊状态下，我将这种状态称为原初母性贯注（primary maternal preoccupation）。还有一些术语被用来指称这种状态，但我一直在用我自己的这个描述性名词。随着婴儿越来越需要经历对挫折做出反应，母亲的适应度会下降。一个处于健康状态的母亲有能力延缓适应度的下降，直到婴儿有能力以愤怒来回应，而不会因为母亲无法适应而遭受创伤。创伤意味着个体的存在这条线的连续性被破坏了。只有在连续的存在状态中，个体才能建立起一种感觉——感觉到自己，感觉到一切是真实的，感觉到自己存活在这个世界上，这将成为个体人格的一个特征。

母婴互动

最初，当婴儿生活在他的主观世界中时，仅就个体而言，这种健康是无法描述的。当婴儿长大一些，我们就有可能描述出在不健康的环境里生活的健康儿童的状态。但是这样的描述最开始也并不合理，直到这个孩子已经有能力对现实做出客观评估，能够对"非我"有清晰的认识，将其与"我"明确地区分开来，能够区分共享现实与个人精神现实，并且已经形成了一种内在环境。

在这里，我指的是一个双向的过程。在这个过程里，婴儿生活在一个主观世界中，母亲做出回应和调整，目的是给予婴儿一份基本的全能体验。实际上，这是一种活生生的关系。

有利环境

在对健康状态的研究中，有利的环境及其为适应个体需要而做出的逐步调整是其中的一部分，可以成为一项独立的研究内容。这项研究可以包括：作为母亲功能的补充的父亲的功能；家庭的功能——在把童年归还给孩子的同时，家庭会以一种（随着孩子的长大）越来越复杂的方式引入"现实原则"（Reality Principle）。然而，在此，我的目标并不是研究环境的进化。

性敏感带

在弗洛伊德世纪的前半期，任何对健康状态的论述都需要按照不同性敏感带（erotogenic zone）相继占据主导地位的观点，围绕着本我建立的阶段进行阐述。这仍然是有其合理性的。该层次结构广为人知——开始是以口腔为主，接下来以肛门和尿道为主，然后是以阴茎为主，或称"阴茎骄傲"阶段（这个阶段对于学步期的女童而言很艰难），最后是性器期（3—5岁）。在性器期，儿童的幻想包括所有属于成人的性幻想。如果一个孩子能按照这样的蓝图成长，那么这是令人高兴的。

之后，在健康状态下，这个孩子将出现潜伏期的各种特征。在这个阶段，没有本我位置的前进，相反，偶有源自内分泌器官的向着本我冲动的倒退。这里的健康概念与可教性阶段的存在相联系，并且在这个阶段，不同性别会自然地趋向于彼此隔离。我们必须提及这些，因为在六岁的时候就是六岁的样子，在十岁的时候就是十岁的样子，这才是健康的。

然后就到了青春期。通常，青春期的到来是由前青春期这样一个阶段宣示的，在前青春期，同性恋倾向可能会自行显现出来。如果一个男孩或女孩到了十四岁还没有迈入青春期的大门，他或她就可能会无可避免地——虽然仍在健康状态中——被抛入一种混乱和怀疑的状态中。"意气消沉"这个词很有效地描述了这一现象。我想强调的是，一个处于青春期的男孩或女孩陷入挣扎并不属于病态。

青春期的到来既是一种宽慰，又极其令人感到困扰。对于这个阶段，我们刚刚有了一点了解。在当下这个时代，青春期的男孩和女孩能够将青少年时期作为一个与处于同一状态的其他人共同成长的阶段去体验，而将青春期的健康状态与病态加以区分的困难任务尤其属于战后的年代。当然，这些问题都不是新问题。

我们只能请求那些致力于解决这项任务的人将重点放在青少年的理论问题上，而不是现实问题上。尽管青少年处于症状带来的麻烦之中，但他们最能找到自己的解救之道。时间的流逝在此是有意义的。青春期是不能被作为一种病态来治愈的。我想这是对健康状态的论述当中的一个很重要的部分。但这并不是否认在人们的青春期阶段，会出现病态的个体。

有些青少年过得非常痛苦。因此，不向他们提供帮助几乎可以称得上"残忍"。这些青少年在十四岁时普遍有自杀倾向，并且他们还背负着一项任务——忍受以下几种完全不同的现象之间的相互作用：他们自身的不成熟、他们自己在青春期时出现的变化、他们对人生的看法，以及他们的理想和抱负。不仅如此，他们还要忍受他们眼中的成人世界的幻灭——实际上，这个世界对于他们来说就像是一个妥协的世界、一个有着虚假价值观的世界、一个无限偏离了主题的世界。当青春期的男孩和女孩告别这个阶段时，他们会开始感觉到真实，开始有了对于"自己"（self）和"存在"

（being）的感受。这是健康的状态。存在会带来行动，但是在存在之前，是不会有行动的，这就是他们传达给我们的信息。

我们不需要激励那些处于个人的困境之中的青少年，他们仍有依赖性，却显得桀骜不驯。确实，他们也不需要激励。我们都记得，青春期后期是一个在冒险中取得令人兴奋的成就的年龄阶段，因此我们乐于看到一个男孩或一个女孩度过青春期，开始对父母和社会责任产生身份认同。没有人会宣称"健康"是"轻松"的同义词。在社会与青少年群体之间的冲突这一领域，尤其如此。

如果我们继续前进，我们就会开始使用一种不同的语言。这个部分的开始是关于本我驱动的，结束是关于自我心理学的。青春期带来了一种可能性——可以令人充满男性魅力或女性魅力，这对个人而言是一种巨大的帮助。换句话说，这种情形是指，完整的生殖力——这种能力实际上在潜伏期到来之前就已经存在了——已经成为一个特征。然而，男孩女孩们并不会上当受骗，认为本能的驱动就是全部。事实上，他们确实为了存在，为了某种存在，为了对真实的感觉以及获得某种程度的客体恒定性而感到忧虑。他们需要有能力驾驭这些本能，而不是被它们撕成碎片。

在获得完整的生殖力方面，当青少年变成一个可能成为父母的成年人时，成熟或者健康是以一种特殊的形式被呈现出来的。在一个希望像父亲一样的男孩能够做关于异性的梦并充分发挥他的性能力时，或当一个希望像母亲一样的女孩能够做关于异性的梦并在性交中体验到性高潮时，事情就会显得顺理成章。测试方式是：性体验能否与喜欢以及更广泛意义上的"爱"这个词相结合？

不健康状态在这些方面会成为一种阻碍，压抑在其运作过程中可能会很有破坏性、很残酷。阳痿可以比强奸带来更大的伤害。不过，如今我们已经不满足于从本我位置的角度阐述健康状态。以本我功能来描述发展过程比以自我及其错综复杂的演化来进行描述更加容易，但后者是不可避免的，我们也必须尝试这么做。

只要在本能生命中存在着未成熟，个体就有出现不健康状态的危险——在其人格方面、性格方面或行为方面。但是在此我们必须小心理解的一点是，性可以作为部分功能发挥作用，因此，尽管性可能看起来运作良好，但是人们仍然会发现有时男性魅力和女性魅力会使个体进入耗竭状态，而不是令个体更丰沛。我们并不会轻易被这些蒙蔽，因为我们并不是依据行为或表面现象来看待个体的。我们将要审视的是个体的人格结构及其与社会和理想状态的关系。

或许精神分析学家确实曾一度倾向于从没有精神障碍的角度来考量健康状态，但这已经不再适用了。现在我们需要更精细的标准。我们不需要摒弃我们之前使用的那些标准。与此同时，我们考量健康状态的角度是人格内部的自由、信任与信仰的能力、与可靠性和客体恒定性相关的那些内容以及是否不再自欺欺人，还有与富有而不是贫穷相关的那些内容，这里的贫富指的是个人精神现实的品质的贫富。

个体和社会

如果我们假设个体要在本能能力方面取得合理的成就，那么我们就会发现，相对健康的人也有新的任务。例如，他或她与社会——家庭的延伸——的关系。我们可以说，在健康状态中的男人或女人有能力实现对社会的认同，同时没有过多地丧失其独特的或个人的冲动。当然，他或她在控制个人冲动的意义上肯定有损失，但是极端地认同社会，完全丧失对自我和自我重要性的感觉，肯定是不正常的。

如果我们都很明确的一点是，我们并不满足于将健康简单地视为没有精神障碍，也就是说，没有与本我位置朝向完整的生殖力的发展相关的紊乱，也没有与人际关系焦虑引起的防御相关的紊乱，我们就可以说，在这样的语境中，健康状态并不等同于自在状态。在健康个体的生命中，也会存在恐惧、相互冲突的感受、怀疑和挫折感等特征，而且这些特征并不比积极特征少。最主要的一点是，这个人感觉到他或她活出了自己的人生，为采取或不采取行动而负责，能够享受成功所带来的荣誉，也能承受失败所带来的指摘。以某一种语言来说，我们可以说，这个个体已经从依赖走向了独立，或者走向了自治。

这种从本我位置的角度对健康状态进行的阐述令人不满意的地方在于自我心理学的缺席。只要看到自我这个问题，我们就会被直接带回个体发展的前生殖器期、前语言阶段，以及环境供给中去：根据原始需要做出调整和适应，而这些需要正是婴儿最早期的特征。

在这一点上，我倾向于从抱持（holding）的角度进行讨论。抱持不仅指在身体上对子宫内的生命的抱持，还包括所有对婴儿的适应性照顾和支持。这一概念继续延伸,最终可以将家庭的功能囊括其中,这就引出了生活环境调查的概念,而生活环境调查正是社会工作的基础。即使一个人并不具备相关的学术知识去了解某个体正在发生什么,这个人也可以很好地完成抱持。抱持真正需要的是一种可以识别、知晓婴儿的感觉的能力。

在一个能为婴儿提供足够好的抱持的环境里,婴儿将能够按照其遗传倾向实现个人发展。结果,存在的连续性变成了一种存在感、一种自我感,并最终使个体能够管理自己。

早期阶段的发展

下面我想谈谈在个人发展的早期阶段都发生了什么。这里的关键词是:整合(integartion)。这个词几乎涵盖了发展的全部任务。整合将婴儿带向单元状态,带向人称代词"我"(I),带向数字1;这使得"我是"(I am)成为可能,而"我是"为"我做"(I do)赋予了意义。

大家将会了解到,我是同时从三个方向进行考察的。我关注婴儿护理,也关注精神分裂症。而且,我正在寻求一种阐述方式,以阐明对于健康的孩子和成年人来说,生命是关于什么的。在这里,我想插一句:健康的特征之一就是成年人的情感发展永不停止。

我将举三个例子。以婴儿为例,整合是一个过程,这个过程有它自身的步伐,其复杂程度越来越高。精神分裂症的特征之一是非整合现象,特别是个体对非整合的恐惧,以及在个体身上出现的病理性防御，其作用在于拉响非整合的警报。（精神失常往往不是一种退行——退行是带有信任元素的——而是一套精密复杂的防御安排，目标是防止非整合的重复。）作为一个过程，整合是婴儿生活中的重头戏，在对边缘型案例进行的精神分析中，我们能再次见到。

在成年人的生活中，整合这个词的含义不断延伸，直至将完整性囊括其中。健康的人是能够允许在休息、放松时和梦境中出现非整合状态的，也能够接纳与之相联系的痛苦。特别是，因为放松与创造性有关，所以创造性冲动恰恰是在非整合状态中产生并一再出现的。为了对抗非整合状态而被组织起来的防御机制剥夺了个体产生创造性冲动的可能性，并因此阻碍了有创造性的生活。[1]

心身伙伴关系

婴儿发展的次级任务是心身共存（暂且不讨论智力问题）。大部分与身体相关的婴儿护理——抱持、照顾、洗浴、喂养等——都是为了帮助婴儿完成这一任务，使其以与自身和谐一致的方式生活、工作。

---

[1] 有些人认为，正如巴林特在讨论可汗的文章（刊载于《人类欢愉与行为的问题》，1952年）中提到的，在这种形式或那种形式的艺术体验中，大部分愉悦感源自对非整合的靠近，是艺术家的创造安全地引领着观众或欣赏者到达了这样一种状态。因此，当艺术家可能取得巨大成就时，在接近成功时的失败可能会令观众感到非常痛苦，因为他们带观众接近了非整合状态或对此的记忆，却把观众留在了那里。所以对艺术的欣赏将人们置于刀刃之上，因为成功与痛苦的失败的距离如此之近。这种体验也必须被视为健康状态的一部分。

在精神病学中，我们再次看到，精神分裂症的一个特征就是在心灵（或不管它叫什么）和身体及其功能之间只有松散的联结。心灵甚至可能会在身体中缺席相当长一段时间，或者被投射出去。

运用健康的身体及其所有功能是一件令人享受的事情，尤其对孩子和青少年而言。因此，这里再次显示出精神分裂症与健康状态之间的关系。健康的人可能不得不生活在畸形、患病或衰老的躯体内，或者忍受饥饿、剧痛，这都是令人非常难过的。①

客体关系

就像心身共存和更广泛意义上的整合问题一样，人们可以用同样的方式观察个体与客体的关系。客体关系是由成熟化进程驱动着婴儿实现的，但是这并非一定会发生，除非婴儿面前的这个世界足够好。具备适应能力的母亲以一种可以使婴儿在初始时获得一种全能的体验的方式呈现这个世界，这就是这名婴儿在未来能够和现实原则握手言和的坚实基础。这里存在一个悖论，一开始，婴儿创造了客体，但客体早就已经在那里了，而且如果不是这样，他当时也不会创造它。这个悖论必须被接纳，而不是被解决。

现在，让我们把这些带到精神疾病和成人健康的领域。在精

---

① 这属于另一项难题——智力（或者说部分头脑）可能会处于剥离状态，个体在健康生活方面受到剥削，付出巨大的代价。具有高水平的智力无疑是一件很棒的事，这是人类所特有的，但在我们心里，也不必将智力与健康的概念过于紧密地联系在一起。对与我所讨论的领域相关的知识领域进行的研究是一个重要的课题，在此考虑这一点是不恰当的。

神分裂症中，个体与客体的关系出了问题——患者与一个主观世界发生关联，或者他无法与自己以外的任何客体发生关联。这样的患者是退缩的、失去联结的、茫然的、孤立的、不真实的，他难以接近，无法被攻破，对外界事物充耳不闻……

在健康状态中，生命的大部分内容一定会与各种各样的客体关系有关，同时也与外部客体关系和内部客体关系之间"来来回回"的过程有关。在完全的成熟态中，这是关于人际关系的，但是创造性关系的残余也没有丢失，这使得客体关系的每一个方面都是令人兴奋的。

在这里，健康包括刺痛生命的想法以及亲密的魔力。所有这些加起来便成了一种感觉——能够感受到真实和存在，感受到经历和体验对个人心理现实的回馈，这些经历和体验拓展了个人心理现实的范围，使其更丰盛。结果是，一个健康的人，他的内在世界与外在世界或现实世界相联系，但这个内在世界也是个人的，并且能够维持一种生机勃勃的状态。内摄性认同与投射性认同不断地交替发生。由此可见，丧失和厄运（以及疾病，正如我已经提到过的）对于健康的人——与那些在精神上不成熟或扭曲的人相比——来说更加可怕。必须允许健康本身带有风险。

要点

在这个讨论阶段，我们必须让自己始终思索自身的工作范围。我们需要决定，是把我们对健康状态含义的考察界定在那些从一开始就很健康的人这一范畴内，还是拓展它，以使它涵盖那些带着不健康状态的萌芽、却设法"取得了成功"的人。他们最终达到了健康状态，而这来之不易，也并不是自然而然发生的。我感觉我们必须把后者也包括进来。我会非常简要地描述一下我的意思。

两种类型的人

我发现一个很有用的做法是把世界上的人分为两类。一类人，在他们还是婴儿的时候，从未因需求落空而失望过，在这个意义上，他们将有可能成为享受生命和生活的人。另一类人，他们确实遭受过由环境恶化带来的创伤性经历，他们不得不毕生携带灾难时刻的记忆（或者引发记忆的素材）。他们的人生可能饱含风暴与压力，或者疾病。

我们承认，还存在这样一些人，他们没有抓住朝向健康状态发展的倾向，他们组织防御的方式是僵化的，这种僵化本身肯定会阻碍前进。我们不能把这种状态也看作"健康"这个词的含义。

然而，还有一个中间群体。在一种更充分的对健康状态的心理形态的阐述中，会涵盖这样一些人，他们随身携带着那些难以想象的或者陈旧的焦虑体验，他们或多或少成功地防止了自己回忆起这些焦虑，尽管如此，他们仍然会利用任何导致病态的机会，经历一场崩溃来接近那种不堪设想的可怕状态。这种崩溃基本不会带来治疗效果，但其中的积极因素必须得到承认。当这种崩溃确实带来了治疗效果（治愈）时，"健康"这个词再次出现了。

即使在这里，我们也能看到朝向健康状态发展的倾向，如果我说的第二类人能设法抓住这种发展的倾向，即使这一刻来得很迟，他们也可能会成功。那么我们是把他们看作健康个体的。为了健康，"不择手段"。

为精神健全而奋斗

现在，我们需要提醒自己，为精神健全而奋斗是不健康的。健康是对不健康的耐受；事实上，健康的状态源于与不健康状态的全面接触（尤其是被称为精神分裂症的不健康状态），也源于与依赖的接触。

在第一类人和第二类人之间，或者从早期得到的养育环境的角度来说，在极端幸运的人和极端不幸的人之间，还有很多人，他们成功地隐藏了对于崩溃的需要，而他们也不会真的崩溃，除非环境特征触发了崩溃。这些可能会以创伤的新版本的形式出现，也可能是一个可靠的人带来了更多希望。

因此，我们会问自己：我们应该将健康人群的范围扩大到多大，以使其可以覆盖那些无论携带着什么（基因、早年经历的失望和不幸的遭遇）仍然取得了成功的人呢？我们必须考虑的一个事实是，在这个群体中，有很多令人不快的人，焦虑驱使着他们取得了杰出的成就。和他们在一起生活可能是很困难的，但他们在一些领域（如科学、艺术、哲学、宗教和政治）推动了世界的进步。我不必做出回答，但是我必须为这个合理的问题做好准备：那世界上的那些天才呢，该怎么算？

真与假

在这个令人尴尬的类别中,有一种特殊的案例,潜在的崩溃主导着这种情形,这或许没有给我们带来很多麻烦。(但在与人有关的事务中,没有什么是有清晰边界的,谁能说清健康状态的边界在哪里,而我们通过这一边界就进入病态范围了呢?)我指的是这样一些人,他们无意识地需要组织起假性自体来应对这个世界,这虚假的一面是一种用来保护真性自体的防御。(真性自体曾受到创伤,因此它一定不能再次被人发现,以避免再度受伤。)社会很容易被假性自体所蒙蔽,并不得不为此付出沉重的代价。我们认为,尽管假性自体是一种成功的防御,但它并不是健康状态的一个方面。它可以被并入克莱茵学派的狂躁防御的概念——当抑郁出现的时候,如果这种抑郁被否定了(当然,个体对此是无意识的),那么抑郁的症状就会以相反的方式表现出来(以上代替下,以轻代替重,以白或光亮代替黑暗,以生机勃勃代替死气沉沉,以兴奋代替冷漠,等等)。

这不是健康状态,但就欢乐而言,它有其健康的一面,而且它也与健康状态有一种令人愉快的联系。因为,对于上了年纪或衰老的人来说,年轻人的敏捷、活力永远都是抑郁的反面,他们认为这肯定是合乎情理的。在健康状态中,严肃与随年龄增长而来的沉重责任有关,而年轻人往往不知责任为何物。

在这里,我需要提到"抑郁"这个话题本身,抑郁是为了实现整合所付出的代价。我不可能在此将我写过的有关抑郁价值的论述重复一遍。更确切地说，健康原本就根植于抑郁的能力中，抑郁的情绪与感觉到责任、愧疚、悲伤的能力以及当事情好转时感觉到全然喜悦的能力的距离并不遥远。其实，抑郁虽然是一件可怕的事情，但它的确应该得到尊重，因为它是人格整合的一项证明。

在不健康的状态下，当有一些复杂的破坏性力量存在于个体内部时，会使个体产生自杀倾向，当这些破坏性力量存在于外部时，则会引起迫害妄想。我并不是说这些因素是健康的一部分，不过，对于健康的研究有必要包括接近抑郁的认真，我指的是那些在完整感中长大的个体身上的认真。在这样的人身上，我们可以找到人格中的丰饶和潜力。

省略

我必须省略反社会倾向这一局部主题。它和匮乏有关，是指在一个儿童的成长过程中，一个好的时代在某一阶段结束了，这时这个孩子已经知道会产生怎样的结果，却无法应对这些结果。

在这里探讨攻击并不合适。但是我想说，在社区中，正是那些病态成员被无意识的动机驱使，去发动战争和发起攻击，这是他们对迫害妄想的防御，或者他们会去毁灭世界，因为这个世界在他们还是婴儿的时候曾将他们一一摧毁。

人生目的

最后，我想谈一谈健康人所能享有的人生。生命是关于什么的？我不需要知道答案，但我们都能同意的是，生命更多的是关于

"存在"的而不是关于性的。罗蕾莱曾说:"吻是那么美好,但钻石手镯能永久流传。"①真实地存在、感觉到这种真实在本质上是属于健康范畴的,而且只有当我们能够视存在为理所当然的时候,我们才会转而关注那些更加积极的事物。我认为这不仅是一种价值判断,也是指个体情感健康和真实感之间是有联系的。毫无疑问,绝大多数人都将真实感视为理所当然,但代价是什么?在多大程度上,他们正在否认这样一个事实,即对他们来说,感觉不真实,感觉被主宰,感觉不是自己,以及再也无法重振精神,没有方向,与自己的身体分离,被摧毁,自己一事无成、无处可去等可能是一种危险?否认不代表健康。

三种生活

我最后的论述必须围绕健康人的三种生活展开。

1. 在这个世界上的生活,其中人际关系甚至是利用非人类环境的关键。

2. 个人(有时也被称为内在)心理现实的生活。这是区分一个人比另一个人更丰富、更有深度并在发挥创造力的时候更有趣的领域,它包括梦境(或引发梦境内容的来源)。

对于以上这两项,你应该已经很熟悉了,也知道它们都可能被人作为防御来利用:外向的人需要在生活中找到幻想,内向的人可能变得自给自足、百毒不侵、孤绝并对社会毫无用处。但还有另外

---

① 安妮塔·露丝,《绅士更爱金发妞》,纽约,布伦塔诺,1935年。

一个领域可供健康人享有，就精神分析理论而言，这个领域不容易被人们谈论到，即文化体验领域。

3. 文化体验领域。文化体验起始于戏剧，之后扩展到人类遗产的整个领域，包括艺术、历史神话、哲学思想的缓慢前进，以及数学之谜和群体管理及宗教的谜团。

我们该把文化体验这第三类人生放在什么位置？我认为不能把它放在内在或个人心理现实中，因为它并不是一个梦——它是我们共享现实的一部分，但我们也不能说它是外在关系的一部分，因为它是由梦境主导的。而且，在三种生活中，它是最多变的；在一些焦虑不安的人那里，它实际上没有被呈现出来，而在另一些人身上，它是人类存在的重要组成部分，动物在这方面甚至都没有开始。进入这一范畴的，不仅有戏剧和幽默感，还有过去五千至一万年以来积累的全部文化。在这一领域，优异的智力可以运转起来。它完全是健康的副产品。

我一直在试图找出文化体验的位置，并尝试做出了下列表述：文化体验起源于过去的经历使孩子产生了对母亲的高度信心（在孩子和母亲之间的潜在空间），这种信任意味着，一旦孩子需要，母亲就会出现。

在此处，我发现我和弗莱德·普劳特的意见一致[①]，他使用了"信任"这个词来作为建立这一健康体验领域的关键。

[①] 弗莱德·普劳特，《关于没有能力去产生想象的反思》，刊载于《分析心理学期刊》，1966年，第11卷。

文化和隔离

在这个意义上,健康呈现出与生存和内在财富的关联,同时,在另一种不同的方式上,健康与拥有文化体验的能力有关。

换句话说,在健康状态下,孩子和母亲没有隔离,因为孩子(成年人也是)富有创造力地活着,能够充分利用那些可用的物质材料——一块木头或一段贝多芬的四重奏。

这是对过渡性现象概念的一种发展。

关于健康,还有太多东西可以拿来讨论,但我希望我成功地表达了这样一种观念,那就是,我认为人类是独特的,仅有动物行为学是不够的。人类有动物的本能和功能,而且看起来常常很像动物。也许,狮子更加高贵,猴子更加敏捷,羚羊更加优雅,蛇更加柔软,鱼更加多产,鸟儿更加幸运——因为它们会飞,但是人类自身也是很了不起的,当他们足够健康时,他们确实会拥有比其他动物(也许除了鲸鱼及其近亲以外)都高等的文化体验。

只有人类才有可能毁灭这个世界。如果是这样,我们或许就会在最后一次原子弹爆炸中全部灭亡,那时我们会明白,这不是健康,而是恐惧;这是健康的人和健康的社会未能带着其病态成员一同前进的结果。

总结

我希望我做到了以下几点:

1. 使用以没有神经官能症疾患为含义的健康概念。

2. 将健康与以成熟为终点的成熟化联系了起来。

3. 指出成熟化进程的重要性，这一进程关注的是自我，与在性敏感带层级中的本我位置的考察无关。

4. 将这些自我进程与婴儿护理、精神分裂症和成年人健康联系了起来，并将以下概念作为在整个场景中获得的例子：

（1）整合；

（2）心身伙伴关系；

（3）客体关联。

5. 指出我们必须决定在多大程度上将那些尽管存在障碍，仍然达到了健康状态的人列为我们的一分子。

6. 明确了人类生活的三个领域，并阐明以下与健康状态有关的内容：有的生命是有价值的、有效的，有的人格是丰富而有创造力的，有些文化领域的体验是健康所带来的最重要的额外奖赏。

7. 最后，指明了不仅社会的健康有赖于其成员的健康，而且社会的模式也是其成员重复的模式。在这个角度上，民主（就这个词语的一种含义而言）是健康状态的一项指征，因为它自然地起源于家庭，而家庭本身正是健康个体会为之负责的构造物。

充满创造力地生活

由1970年的两份为进步联盟准备的演讲稿件合并而成。

创造力的定义

无论最终的定义是什么，它都必须包含一个想法：生命是否值得度过。其判断的依据是，创造力是否是一个个体生活体验的一部分。

要成为一个有创造力的人，一个人必须存在着，有一种存在感，而且这种存在感并不是在意识上的觉知中的，而是他生命运作的一个基础发源地。

创造力源自存在着的"活动"。它显示出，他，作为一个人，是活着的。冲动可能会平息，但当"活动"这个词更恰当的时候，创造力就已经存在了。

我们能表明一件事，在某些时候，某人的活动虽然显示出这个人是活着的，但这些活动仅仅是对刺激做出的反应。一个人的一生都可能会建立在对刺激做出反应的模式上。拿掉刺激，这个人就没有生命力了。但在这样一个极端的案例中,"存在"这个词与之无关。一个人,为了存在,为了有一种存在着的感觉,其"冲动—活动"必须超越"反应—活动"而居于主导地位。

这些事并不仅仅是关于意愿和生命的组织与重构的。基本模式奠定于情感成长的过程中,而且接近这一过程开端的是那些有着最重大的影响的因素。我们必须假设大多数人都位于两个极端中间的某个地方,就是在这个中间区域,存在着我们影响自身模式的机会。也正是这个我们感觉自己所拥有的机会让这类讨论变得很有意思,它不会仅是一种学术活动。(另外,我们也正在思考作为父母和教育者,我们能做什么。)

也就是说,创造力是贯穿生命的,是完全属于婴儿的经验:创造这个世界的能力。对于婴儿来说,这并不困难,因为如果母亲能够适应婴儿的需要,婴儿对这一事实——这个世界在他或她被孕育或构想之前,就在那里了——就没有初步的认识。而现实原则(The Reality Principle)是一种存在于世界上的事实,无论婴儿是否创造了它。

现实原则实在太糟糕了,但是当小孩子被叫上前去说"谢谢"的时候,重大的进步已经发生。因为现实原则是一种侮辱,而此时这个孩子获得了遗传所决定的应对这一侮辱的心理机制。

我准备描述一下这些心理机制中的一部分。在足够好的环境条件下,儿童个体(后来变成了你和我)发现了消化这种侮辱的方法。在一个极端,顺从简化了个体与其他人的关系,当然,这些人有他们自己的需求需要被照顾,也有他们自己的全能感需要被满足。在另一个极端，这个孩子仍是全能的，通过假装自己有创造性，对每件事都有自己的看法。

举个粗糙的例子来说：如果一位母亲有八个孩子，那么其实存在着八个母亲。这不是简单地因为这位母亲对待八个孩子的态度各有不同。即使她能够用完全一样的方式对待每一个孩子（我知道这很荒唐，因为她不是一台机器），每个孩子也会透过他自己的眼睛看到一个他自己的妈妈。

通过一种极其复杂的由遗传决定的成长过程，以及个体成长与外部因素之间的互动（这些因素要么起到了积极的促进作用，要么让人难以适应并造成各种反应），这个成了现在的你或我的孩子发现自己具备了以一种新鲜的方式看待事物的能力，他能够在生活的每一个细节上表现出创造力。

我可以去牛津英文词典里查查创造力这个词，也可以对哲学和心理学在这一主题下的所有文献做一番研究，然后我可以把所有成果放在一个盘子里端出来。即使我用这样一种粉饰的方式，你也可能会惊呼："多么具有原创性啊！"可平心而论，我个人真的无法实施这个方案。我有这样一种需要，我需要就好像以前从来没有人深入过这个话题一样地去谈论它，当然，这可能会让我的话很荒谬。但是我想，从我自己的这个需要当中，你可以看到并确认我并没有被我的主题淹没。让我做出一份关于创造力的参考文献的索引会要了我的命。很明显，我必须一直努力地去感觉到自己是有创意的，这有一个劣势，那就是，如果我描述一个简单的词语，例如"爱"，那么我必须从零开始。（或许这才是正确的起点。）但当我谈到有创造力的生活与有创造力的艺术之间的区别的时候,我会回到这个主题。

我其实已经在字典里查了"创造"这个词,我找到的答案是:"使之成为一种存在"。一项创造可以是"人类头脑的一件产品"。说不定对于博学多才的人来说,创造力压根就不是一个可以被接受的词。有创造力地活着,对于我来说,它的意思是一直都没有因为顺从或对入侵的世界做出反应而被杀死或湮灭;一直都以新鲜的眼光看待所有事情。我在这里指的是统觉,而不是知觉。

创造力的来源

或许我已经表明了我所相信的创造力的来源是什么。这里必须有一个双重陈述。创造力属于活着的状态——除非一个人正在休息,否则,当一个客体挡在眼前的时候,他会在某种程度上探出手去,从而与它形成一种关系。但这只是一半。另一半属于一个想法,即只有对于一个真实存在着的人来说,身体或精神上的接触才是有意义的。一个出生时没有大脑的婴儿也可能伸出手去发现和使用一个客体,但这当中并没有创造性的生活的经验。而且,正常的婴儿需要在错综复杂的环境中成长,需要为了体验伸出手并且发现一个客体这种具有创造性的行为而成为一个已经确立于世的存在者。

所以,我在此回到了那句箴言:存在先于做。存在必须在做之后获得发展。最终,儿童在不丧失自我感的情况下驾驭他的本能。所以,创造力的来源是个体所拥有的由遗传决定的一种倾向,这种倾向是:要活着、要生存,并且在需要伸出手去的时候,要与产生妨碍的客体发生联系，哪怕这个客体是月亮。

保持创造力

对于一个没有由于错误的进入这个世界的方式而过度扭曲的个体来说，培养创造力这种最理想的品质有相当大的发展空间。确实，就像你一定会对我指出的那样，生活中的大部分事情都是杂事。有的人必须做这些杂事。要讨论清楚这一点是很困难的，因为有些人甚至会认为杂事是有用的；或许像擦洗地板这种不需要多少智力的事情为想象性体验这一分立出来的领域留下了很好的机会。这里还存在交叉认同，我晚些会讲到。一个女人擦洗着地板，可能并没有感到无聊，因为她通过认同她那个捣蛋的儿子，享受着把泥巴弄得到处都是的间接体验。这个孩子在有创造力地活着的那一刻，把花园里的泥巴带进了屋，踩了一地。他这么做，是建立在一种假设上，他认为妈妈喜欢擦地板，而这是他的支配力所在，与他正淘气的年龄相符。（人们称其为：胜任所处的阶段。我一直觉得这个说法听起来非常好！）

或者，一个在传送带旁边工作的男人可能会感到无聊至极，但当他想到有钱可赚的时候，他就会想到他一直希望把厨房的水池弄得更好一些，或者他只用了一半的价格就在电视上看到南安普顿打败了曼彻斯特。

事实就是，人们一定不要接受他们认为很沉闷的工作，或者如果他们无法避免，他们就必须规划周末的时光，这样，哪怕在那些最糟糕的执行无聊事务的时刻，他们的想象力也能够得到满足。有一种说法是，比起在有趣的工作领域里，在一种确实很无聊的常规生活中过有想象力的生活反而更容易。我们还必须记住一点，对于另一些人来说，那份工作可能会非常有意思，这些人用它来过有创造力的生活，却不允许其他人使用个人的判断力。

在事情的整个格局中，总会存在让每个人都能有创造力地活着的空间。这包括保留一些私人的事物，也许是秘密，那无疑就是你自己。如果实在找不到别的，就试试呼吸，这件事可没有人能替你做。或者，也许当你给朋友写信的时候，或给《泰晤士报》和《新社会报》发信的时候（在这些信被扔掉之前，大概会有人读到），你就是你自己。

有创造力的生活与艺术创造

提到写信，那么我就接近了另外一个一定不能放在一边的话题。我必须澄清有创造力的生活与艺术创造之间的区别。

在有创造力的生活中，你或者我会发现，我们做的每一件事都是在强化一种感觉：我们是活着的，我们是我们自己。一个人可以看着一棵树（不一定是一幅画作），并且带着创造性地看着它。如果你有过精神分裂式的抑郁阶段（大多数人都有过），你就会从反面知道这一点。有很多次，我听到人们对我说："我的窗外有旱金莲，太阳也出来了，我在理智上知道，对于那些能看到的人来说，那一定是一幅非常美好的画面。但是对于今天早上（星期一）的我而言，它毫无意义。我感觉不到。这让我强烈地意识到这不是真实的我自己。"

尽管具有创造力的生活都是相似的，但书信作家、诗人、艺术家、雕塑家、建筑师以及音乐家的积极创作是有所不同的。你会同意的是，如果某人投身于艺术创作，我们就会希望他或她能够唤醒某种特殊的才华。但是对于有创造力的生活来说，我们并不需要特别的天赋。这是一种普世的需要和普世的体验。即使那些卧床不起的人、孤僻的精神分裂症患者也可能在一种秘密的心理活动中过着有创造力的生活，并因此在某种意义上是幸福的。不幸福的是你或我——因为已经意识到对于人类而言，有些东西比吃饭和生存重要得多。如果我们有时间，就可以谈一谈关于焦虑的话题，它是艺术家创造力背后的驱动力。

在婚姻中有创造力地生活

看起来，我们需要一场基于以下事实的讨论：婚姻中的一方或双方会很频繁地出现一种自发衰退的感觉。这种感觉是常见的，尽管这种感觉的重要程度与生活中其他所有可以说的事情有很大不同。在这里，我必须想当然地认为并不是所有已婚夫妇都觉得他们既能有创造力，又能维持婚姻。两人中总有一方发现他或她被卷入了一个过程，这个过程的最终结果就是一个人生活在实际上是由另一个人创造的世界当中。在极端的情况下，这一定是非常不舒服的，但是我猜想，在大多数婚姻中，情况并不会那么极端，尽管它一直潜伏着，并可能不时地以一种激烈的方式出现。例如，全部的问题可能会隐藏在一对夫妻几十年养育孩子的过程中，并以中年危机的方式浮现出来。

讨论这个问题大概有一个颇为简单的方式，就是从表面入手。我知道有一对夫妻，他们已经结婚很长时间了，并且生养了好几个孩子。在他们结婚以后的第一个暑期假日中，他们在一起过了一周之后，丈夫说："现在我打算出去航行一个礼拜。"他的妻子说："嗯，我喜欢旅行，所以我也要收拾我的行李去了。"他们的朋友们举起手来说："我可看不到这样的婚姻有什么未来！"然而，这样的言辞过于悲观了，这对夫妻的婚姻其实非常成功，其中最重要的一件事就是，丈夫在那一周的航行中得到了技术方面的提高，还享受了这一专长给他带来的乐趣，而妻子拿起她的旅行箱游遍了欧洲。在接下来的五十多个星期里，他们都有很多可以告诉对方的事，他们发现，把每一个暑假中的一半时间都用来与另一半分开度过，对于他们的关系有促进作用。

很多人不喜欢这样。在人类生活里，没有全世界都适用的规则。然而，这个例子能够表明，两个人有多不害怕离开彼此，就能有多大的收获，如果他们害怕离开对方，他们就很可能对另一半感到厌倦。这种厌倦可能就源于他们失去了那种有创造力的生活，那样的生活实质上还是来自个体，而不是伴侣关系，尽管伴侣是可以激发创造力的。

如果实际地看一看任何一个仍在运转中的家庭，我们就会发现，在它们之中，都存在和我刚才所描述的那两个人的事例相似的安排。我不需要把细节都说出来，例如妻子是如何热爱演奏小提琴的，而丈夫是如何每周有一个晚上和几个朋友在酒吧里喝香蒂啤酒的。对于人类而言，健康的常态有着无穷无尽的变化。如果我们决定讨论一下困难，可以肯定的是，我们就会发现自己正在描述人们发觉自己陷入的一些模式，他们会发觉自己无聊地一遍遍重复着这些模式，这表明事情有些地方出了问题。这当中存在一种强迫性元素，而在这种强迫性元素背后很深的地方，我们会看到恐惧。有很多人无法过有创造力的生活是因为他们被强迫性控制，这种强迫性来自一些与他们自身过去有关的事情。我认为，只有对那些在这方面相对快乐的人，也就是那些没有被强迫性所驱使的人，我才能轻松地谈论婚姻中的束缚。而在那些对此感到困扰的人看来，关系是令人窒息的，别人能说的非常有限。你无法给出有用的建议，你也不能成为所有人的治疗师。

在那两个极端之间——那些感觉自己在婚姻中仍然过着有创造力的生活的人，和那些在这方面受到了婚姻的束缚的人——肯定存在一条分界线，并且我们当中有很多人刚好就位于这条分界线上。我们足够幸福，也有创造力，但我们也确实意识到，在个人冲动与那些妥协之间，天然地存在着某种冲撞，任何一种可靠的关系都是如此。换句话说，我们在这里再一次讨论到"现实原则"，并且最终，随着论述的深入，我们会发现自己再一次涉及一个人试图在不过多丧失个人冲动的条件下接受外部现实的某些方面。这属于人类本性的几个基本困扰之一。一个人正是在其自身的个人情感发展的早期阶段，奠定了他在这方面的能力的基础。

可以说，我们在谈论成功的婚姻时，经常从他们有多少个孩子这个角度去看，或者看这两个人是否能够建立起友谊。说起这些，我们很容易变得油嘴滑舌，我也知道你不希望我停留在这种轻率肤浅的层面上。如果我们讨论性这个问题——无论如何,在关于婚姻的讨论中,我们必须把它放在中心的位置上——我们就会发现到处都有多到令人惊讶的痛苦。这在那些感觉他们在其性生活中都活得很有创造力的夫妻中并不容易找到,我觉得这是一条很好的定律。关于这一点,有大量的文章,而且,或许精神分析师的不幸就是,他们比大多数人都更加了解伴随着他们的这些困难和痛苦。对于精神分析师来说,维持着人们结婚后一直过着幸福快乐的生活这样的幻想是不可能的,至少在性生活上如此。当两个人坠入爱河,双方又都很年轻的时候,会有一段时间,而且可能是一段很长的时间,他们的性关系对两个人来说都是一种富有创造力的经历。这确实是很健康的,我们也为年轻人自然而然地有了这种直接的体验感到高兴。我认为非常错误的一件事是,我们向年轻人传播一种观念,那就是,结婚以后,这种关系状态持续很长一段时间是很普遍的。有人(恐怕只是开玩笑地)说:"世界上有两种婚姻,一种是女孩在走向圣坛的途中就已经知道她嫁错了人,还有一种是她在往回走的途中才知道。"但是这其实没有什么好笑的。麻烦就在于我们出去告诉年轻人,婚姻就是加长版的恋情。但是我也很讨厌做与此完全相反的事——去向年轻人兜售幻灭感,把看到年轻人什么都看透了、失去幻想作为一桩买卖。如果一个人一直是幸福的,那么他是可以承受痛苦的。这就像我们说婴儿只有拥有过妈妈的乳房,或是相当于乳房的东西,才能断奶。除非建立在幻想的基础上,否则是不会出现幻想的破灭(接受"现实原则")的。如果人们发现,像性体验这么重要的事情,只对夫妻中的一人来说是越来越有创造力的体验，那么这会带来一种可怕的失败感。有时，虽然性生活的开局不好，但渐渐地，两个人达成了某种和解，或者彼此迁就，最终双方都有了一些创造性的体验，在这种情况下，事情也是可以运转良好的。

必须得说，双方的性是健康的，也是很有助益的，但是，假定人生问题的唯一解决方案就在于两人间的性则是错误的。当性作为丰富人生的现象，也是一种反复出现的疗法时，我们需要去关注那些潜在的事物。

在这里，我想提醒你们投射和内摄两种特殊的心理机制：我是指，把自己与别人相认同和把别人与自己相认同的那些功能。就像你们会料到的那样，有些人无法使用这些机制，有些人在他们可以这么做的时候会使用这些机制，还有一些人则强迫性地这样做，无论他们想或不想。用通俗易懂的话来讲，我指的是有能力站在他人的立场上，也就是具有同情和共情的能力。

很明显，当两个人以婚姻这种密切和公开的纽带联系并生活在一起时，每个人都会通过另一个人拥有更全面的人生。根据环境的不同，在健康状态中，这一点有可能被利用，也可能不会。但是有些夫妻会发觉他们很别扭地把一些角色交给了对方，而在其他一些例子里，则有着各种程度的流动性和灵活性。很清楚的是，如果一个女人把性行为的男性部分交给一个男人，而男人也反过来这么做的话，是很便利的。然而，我们不只有行为，还有想象，在想象的层面上，肯定没有哪个部分的生活不能被交出去或者被接收过来。

记住了这些，我们就可以看一看这个关于创造力的特殊事例了。如果我们谈的是对性别功能的审视，那么其实没有太多可说的：谁更有创造力？一个父亲还是一个母亲？我可不想表态。我们可以把这个问题放在一边。但是就在这个实际功能领域里，我们必须记住的是，一个婴儿有可能以一种没有创造性的方式被孕育，也就是，人们没有想到他的到来，或他的到来没有成为人们头脑中的一个想法。而另一方面，一个婴儿可能刚好在双方都想要孩子的时候开始了他的生命历程。在《谁害怕弗吉尼亚·伍尔芙？》中，艾德沃·阿尔比研究了一个被孕育，却没能出世的婴儿的命运。不管是在戏剧中还是在电影中，这是多么了不起的一项研究！

但是我想把自己从实际的性与现实的婴儿这一话题中拽开，因为我们做的所有事情都能以创造性或非创造性的方式来完成。我想再次拾起关于一个人有创造性地生活的能力从何而来的主题。

更多有创造力的生活的来源

这是一个很古老、很古老的故事了。我们是什么样子的，很大程度上有赖于我们在情感发展中达到了哪个阶段，或者说，我们被给予了多少机会，能否在与客体关联早期阶段有关的那些成长经历中走得更远，我想谈谈这件事。

我知道我会说：幸福就是他或她在个人生活以及与人生伴侣、孩子、朋友的关系中，始终是有创造性的。没有什么是在这一哲学疆域之外的。

一方面，我看到一个钟表，但只看到了时间；也许我连时间都没看到，仅仅注意到了表盘的形状；或者我什么都没看到。而另一方面，我可以以一种潜在可能的方式去看见钟表，然后我让自己幻想出一块表，这么做是因为我有证据说明一块现实的钟表就在那里，是可以看到的，因此，当我感知到那块现实的钟表时，我已经经历了源自内在的一个复杂的过程。所以，当我看到那块表时，我创造了它，当我看到了时间时，我也创造了时间。在我把这个并不舒服的功能交给上帝之前，我时时刻刻都拥有这种小小的全能体验。

这是有一些反逻辑的。逻辑形成于非逻辑的某个点上。我也无法阻止这一点——这就是现实中正在发生的。我想再谈谈这个话题。

婴儿会准备好去发现一个充满客体和想法的世界，并且婴儿的母亲会按照婴儿在这方面的成长节奏把这个世界呈现给他。通过这种方式，母亲起初对婴儿的高适应性使婴儿能够体验到全能感，能够真的找到他创造的那些事物，能够创造并把它们与现实的事物联系起来。一个纯粹的结果就是每个婴儿都是以创造了一个新世界的方式开始自己的人生的。到了第七天，我们希望他感到欣慰，好好休息一下。这是事情进展顺利的情况，实际上，也常常是顺利的；但是必须要有人在那里，如果那些被创造出来的事物要真实地成为现实的话。如果没有人在那里做这件事，那么，在极端的情况下，这个孩子会得自闭症——完全进入了创造的空间里，并在关系中毫无生气地顺从（儿童精神分裂症）。

之后，现实原则可能会被逐渐引入，已经了解了全能感的孩子会体验到世界所施加的那些局限。但是到那时，他或她就已经有能力以代偿的方式生存了,他们会使用投射和内摄的机制,会让另一个人做掌管者,会交出全能感。最终这个个体放弃了做一个轮子,或者是整个齿轮箱,而采用了一个更为舒服的位置,只是做一个齿轮。大家帮我写一首人文主义的赞美诗吧:

哦!去做一只齿轮。

哦!去和大家站在一起。

哦!去和谐地与他人一起工作。

哦!去结婚,而不丢失成为世界的创造者的想法。

没有以全能感体验作为起点的人没有机会成为一只齿轮,他必须继续四处支使他的全能感、创造力和控制欲,就好像试图卖掉一个冒牌公司的垃圾股份一样。

在我的文章里,我已经写了很多关于过渡性客体概念的内容:它可能是你的孩子现在正抓住不放的一个物品,或许是他或她曾用过的小床床罩上的一小块布,一条毯子,或者是妈妈的发带。它是第一个标志,它的出现代表着我们可以确信,婴儿和妈妈结合在一起了,这种结合是基于对妈妈可靠性和能力的体验,因为妈妈通过对宝宝的认同,很清楚他或她需要什么。我曾经说过,这个客体是婴儿创造出来的,我们都知道我们永远都不会去挑战这一点,尽管我们同样知道这件物品在婴儿创造它以前就已经存在了。(它甚至可能已经被一个兄弟姐妹以同样的方式创造过了。)

与其"提出要求,然后被给予",不如更多地"伸出手,它就在那里,供你拥有、使用和浪费"。这就是开始。在引入真实世界和现实原则的过程中,这一点必将被丢掉,但是在健康状态下,我们会想出一些方法来重新抓住源自创造性生活的意义感。没有创造力的生活的症状就是觉得什么都没有意义，都是无效的，我什么都不在乎。

在现在的这个点上，我们可以看看有创造力的生活是怎样的了，在这么做的时候，我们将使用一个一致的理论。这个理论会让我们看到，为什么有创造力的生活这个主题原本就是一个困难的话题。我们可以看一看有创造力的生活的普遍特征或组成它的细节。

你们会理解，我正在试图进入一个层面，这个层面如果在实际上不算是基础的，那么至少也是比较深层次的。我知道，烹饪香肠的方式之一是去查一查《比顿太太》一书中（周日的时候还可以看看克莱门特·弗洛伊德的书）的具体步骤说明，另一个办法就是拿起香肠，平生第一次尝试着把它做成一道菜。在任何情形下，结果可能是一样的，但是和有创造力的厨师生活会更愉快，即使有的时候厨房会变成一场灾难，或者味道很奇怪，让人怀疑最难吃的香肠不过如此。我试图表达的事情是，对于厨师本人而言，两种体验是不同的：他或她在照搬照抄的盲目跟从中一无所获，除了更多地感到对权威的依赖；而原创的那种感觉更真实，在烹饪的过程中，他或她会为自己头脑中冒出来的想法感到惊喜。当我们为自己感到惊喜时，我们会发现，我们能够信任自身的出乎意料的原创性。我们不会介意那些吃香肠的人没能注意到烹饪过程中的那些令人惊讶的事情，或者他们没有显示出对这道菜的味道的认可。

我相信，如果一个人是有创造力的，并且有足够的能力，那么就没有什么必须要做的事情是不能以一种创造性的方式完成的。但是如果有的人时时刻刻受到创造性会灭绝的威胁,那么他或她要么得忍受无聊的顺从,要么就得把原创力堆积起来,直到有一天,香肠变得像从外太空来的或者吃起来像个垃圾桶一样。

我相信,就像我已经指出的一样,不管一个人的装备有多么简陋,其体验都可以是创造性的,都可以让他或她感受到一种兴奋,因为总有一些新的和出人意料的事物在前方——事实就是如此。当然,如果这个人高度个体化并很有天赋,那么他的画可能会值两万英镑,但是对于那些不是毕加索的人来说,画得和毕加索一样是一种盲从的模仿,是没有创造性的。要想和毕加索一样,他必须成为毕加索——否则就是非原创。团体中的逢迎者从定义上说就是顺从和无聊的人,只有一种情况例外,就是当他们搜寻某物的时候,他们需要毕加索的勇气支持自己保持原创性。

事实是,我们创造的那些其实已经在那里了,但是创造力存在于我们通过构想和统觉形成觉知的方式中。所以,当我看着表的时候——我现在也必须这么做了,我创造了一块表,但是我要很小心地不去看那些表,除非在那些我已经知道有一块表挂在那里的地方。请不要否决这个荒谬的逻辑,而是去研究它并且使用它。

为了帮助大家理解,我想说,如果天快黑了,我又很疲惫,或者多少有那么点精神分裂,我可能会看到并不存在的钟表。我可能会看到那边的墙上挂着什么东西,甚至会读出钟面上的时间,而你会告诉我,那只是某人的头在墙上的影子而已。

对一些人而言,这可能被认为是发疯了、出现了幻觉。这些人会一直努力保持理智和客观,这种客观性可以被称为共享现实。同时，另一些人允许自己假装他们的想象是真实的，能够被分享。

我们能够让各种各样的人和我们一起生活在这个世界上，但是我们需要其他人是客观的，如果我们打算享受自己的创造力，冒着风险，让我们的冲动跟上那些随之而来的创意的话。

有的孩子不得不在一种属于家长或照看者的创意氛围中生活，而这些创意不属于这些孩子，这会扼杀他们，让他们无法成为他们自己，或者，他们会发展出一种后退的技巧。

关于在家中和在学校里为孩子们提供机会，让他们过自己的生活这一话题，涉及的范围非常广，其中有一条公理是那些很容易感觉到凭自己本来的权利就可以存在着的孩子，恰恰就是那些最好管理的。他们是那些无论如何都没有被现实原则的运作羞辱的孩子。

如果我们正式与某人结为伴侣，那么我们可能会允许各种形式和各种程度的（就像我已经说过的）投射和内摄。一个妻子可能会很享受她的丈夫对于工作的热爱，而一个丈夫也可能会很享受他的妻子在做饭时的体验。所以，从这个意义上说，婚姻这一正式的结盟拓宽了我们创造性生活的范围。如果与瓶子标签上所描述的时间相比，你完成这项家务的用时要少得多，那么这也是一种有创造力的替代方式。

我不知道你们在多大程度上接受我写过的以及我读到过的那些想法。首要的一点是，我不能通过对你讲话的方式就使你变得富有创造力。如果你没有过或者已经失去了在你的生活体验中让自己感到惊讶的能力，那么我是不能通过谈话来给你任何帮助的。而且，通过心理疗法来帮助你，也不会是很容易的事情。但是很重要的是，我们知道，对于其他人来说——特别是那些我们要为之负责的孩子们，有创造力的生活体验永远比做得好重要得多。

我想讲清楚的是，在有创造力的生活中，在个体体验的每一个细节上，都涉及一个哲学的两难困境：实际上，在我们神志健全的情况下，我们只能创造出我们已经发现的事物。即使在艺术领域，我们也不可能有无穷无尽的创造力，除非我们正在独自体验着精神病院的生活，或者正生活在我们自身孤独症的庇护所里。在艺术的形式里或者在哲学中，个体的创造力在很大程度上依赖于对所有已经存在的事物的研究。对于艺术家生活环境的研究是一条线索，让我们可以去了解和欣赏他。有创造性的方式，让那些艺术家感觉到真实，感觉到有意义，即使他所做的事情被大众认为是失败的。尽管大众仍然是他的"装备"中必要的一部分，他的装备包括他的天赋、他所受到的训练和他的那些工具。

所以我的观点是，只要我们是比较健康的，我们就不一定要生活在一个我们的婚姻伴侣所创造的世界里，我们的婚姻伴侣也不一定要生活在我们所创造的世界里。我们双方都有自己私享的世界。并且我们还将学习通过交叉认同来分享我们的体验。当我们养大一个孩子或者为一个婴儿提供一个起点，好让他们在一个充满客观现实的世界里成为富有创造力的个体时，我们确实要使自己不那么有创造力，变得更顺从、更有适应性。但是从总体上说，我们会与这一点达成和解，并且发现它不会要我们的命。因为我们认同这些新新人类，如果他们也想获得有创造力的生活，他们同样需要我们。

总和，我是

1968年4月17日，在伦敦帕特尼的怀特兰举行的数学教师协会会议上所做的报告。

    毫无疑问，对于我来说，此时此刻我还守着我的鞋楦①——儿童精神病学以及儿童情感发展理论——是非常好的。这些属于精神分析领域，因而最终会追溯到弗洛伊德。在我自己的工作领域，我确实知道一些事情，有专业技能，并且积累了一些经验，但在数学和教学领域，我就是一个生手了。你们刚招收的学生知道的都比我多。可以肯定的是，我本来是不会接受塔塔先生和你们的邀请的，不过从他给我的信件看，他知道我来自一个完全不同的专业，并且他只是希望从我这里得到一些评论，内容主要围绕着我恰巧耕耘的这座花园的生态学。

    我甚至被我的题目《总和，我是》吓到了，我生怕它让人感觉

---

① 鞋楦：外国谚语"鞋匠就该守着鞋楦"，意思是人人该遵守本分。——译者注

我是一个经典学者或者词源学大师。几个月以前，为了这个题目，我倍感压力。我想："好吧，我会谈一谈个体发展中'我是'的那个阶段，所以把这个和拉丁词语'总和'联系起来，大概是合理的吧。""你用了一个双关语吗？……"（那是卡尔弗利，但是不要认为我也是博学的。）

毫无疑问，我的工作就是成为我自己。我能给你们我自己的哪个部分呢？我又如何在给你们这一部分的同时，不会看起来缺失了整体性呢？我必须要假设，你们容许我具有这种整体性，以及我在某种程度上的成熟，我们将这种成熟称为整合。而且我必须要做出选择——只向你们展示构成这个统一体的一两个因素，这个统一体就是我。

我感觉我已经受到了鼓励，因为我知道，这些事情是人类人格研究者所关注的，也是数学家所关注的。而且事实上，数学是脱离肉体的人类人格。

简言之，当我说人类发展的核心特征就是达到并且确保维持住"我是"的阶段，我知道，这也是算术这门学科的核心事实，或者说，是对于总和的描述。

你可能已经觉察到，从我的天性、受到的训练以及我的实践经历上来看，我都是一个以发展的眼光来思考问题的人。当我看到一个男孩或者女孩坐在书桌边，做着加减法，或者和九九乘法表作斗争的时候，我看到的是这样一个人——他或她在发展过程方面已经有了一段很长的历史。并且，我知道，他或她可能有一些发展缺陷、发展扭曲，或者为了应对那些不得不被接受的缺陷所组织起来的扭曲，又或者在那些看起来已经取得发展的方面，仍存在着某种程度的不稳定。我看到的是指向独立的发展，这种发展同时也指向完整性这一概念所包含的那些常新的含义。如果这个孩子存活下来，在他的未来中，这种完整性也许能成为现实，也许不能。并且，我也时时刻刻地关注依赖的问题，以及环境持续发挥作用的方式。环境原本是极其重要的。即使是当这个个体在将来以一种向环境特征认同的方式走向独立的时候，环境也有着重要的意义。这种走向独立是指，一个孩子长大了，结婚了，养育了下一代，或者开始参与社会生活，参与维护社会结构。

这就是你们可能用得上的我身上的那一方面。因为，如果我们都守着我们的鞋楦，你们就不该被期待必须关注人的发展过程，而这正是我需要去做的——如果我确实要去做我的工作的话（先不论是否有效）。

对于我们来说，记住人类个体的概念其实是一个非常现代的概念是一件困难的事情。形成这一概念的斗争之路，或许反映在早期希伯来人对上帝的称呼中。一神论看起来与"I AM"（我是）这个名字有着密切的联系。我就是我。（I am that I am）["我思故我在"（Cogito，ergo sum）与此不同：总和"sum"这个词在这里的意思是，我有作为一个人的存在感。也就是，在我的头脑里，我感觉我自己的存在已经得到了证实。但是我们在这里关注的是一种无意识的存在状态，撇开那些自我意识中的智力练习不谈。] 这个给予上帝的称呼是不是反映出了个体所感觉到的，他或她在实现个人存在状态方面所处的危险呢？如果我存在着，那么我就已经把这些和那些都收集到了一起，并且宣称，这就是我。我还正式否认了除此以外的那些东西。在否认那些非我的东西时，可以说，我侮辱了这个世界。那么可以料想，我一定会受到攻击。所以当人们第一次触碰到个体性这个概念的时候，他们马上就把它放在了天上，然后赋予它一个声音，这个声音只有摩西才能听见。

这准确地描绘了一种焦虑，每一个人在到达"我是"阶段时，都会自然地带着这种焦虑。当你在海滩上玩游戏的时候，你可以看到这种焦虑在发挥作用。"我就是城堡里的国王！"马上，对这种预期中的攻击的防御就来了——"你是个脏兮兮的小坏蛋！"或者"趴下！你这个捣蛋鬼！"关于这个儿童游戏，霍雷斯有如下说法：

Rex erit qui recte faciet；

Qui non faciet；*non erit.*[①]

当然了，这是"我是"这个阶段的一个复杂版本。在这个版本里，"我是"这种存在，只有国王才被允许拥有。

有的人可能会感到奇怪，在一神论之前，总和就已经存在了，这是怎么回事？我想表达的意思是，除非人已经成为一种单元，否则"单元（体）"这个词没有任何意义。在另外一个背景下，我们可以讨论第一人称代词"我"的使用。我相信，总的来说，"我"的主格和宾格都来自童年话语当中的那些代词。然而，这个问题在

---

① 出自《童谣牛津词典》，艾欧娜和彼得·奥佩编辑，牛津大学出版社，1951年出版。

这里并不是很清楚，因为人们对语言的理解可能远远领先于开口说话以及言语表达之前的那些高度复杂的心理过程。

你可以轻易地看出我想要表达的是什么——我的想法是，算术始于"一个"的概念。而这个概念源自并且一定源自在每一个正在发展的孩子身上的单元自我。这个状态代表个体获得了一种成长，而实际上这个状态有可能永远都不会实现。

在这里，我必须要打断自己一下，因为我要处理一个很重要且复杂的问题。分立的智力过程该怎么办？撇开个人有没有实现那种单位状态不谈，高等数学在这里发挥了作用。在其他领域，我们发现了同样的问题。例如，一个在遗嘱认证部门工作的法官，死时却没有留下遗嘱（大概他当时已经没能力做到这一点了）；或者一个哲学家连今天是几号、星期几都不知道；或者一位名声在外的大物理学家，例如剑桥大学三一学院的大师，人们可能会看到他一只脚走在人行道上，另一只脚则踩在排水沟里。（所以，在特兰平顿街上，人行道与马路之间的霍布森小溪①是非常有必要的。至少当我还是雷斯学校的学生的时候，天真的我是这么以为的。）

让我从个人发展的角度来谈谈这个问题。（顺便提一句，我其实已经非常详尽地陈述了这个问题，因为我发现想要简要地讨论它是非常困难的，除非以讽刺漫画的方式。）假设这里有一个婴儿，他饿了，已经准备好了要吃点东西。如果这时有人喂了他，就没事

---

① 霍布森小溪是托马斯·霍布森在17世纪早期修建的一条水道，用于将新鲜的水源引进剑桥。——译者注

了。但是如果喂养被耽搁了X分钟,当饭终于送到的时候,对于这个婴儿来说,喂养就已经毫无意义了。那么问题来了,在某一个时刻之后,喂养就变得没有意义了,这个时刻来得到来有多突然呢?

现在,举例来说,有两个婴儿,其中一个经测试显示有很高的智商,而另一个的智商则低于平均水平。那个天赋很好的婴儿可以从周围的声音中很快地知道他的饭已经准备好了。不需要用语言表达,这个婴儿实际上就已经在对自己说:"这些声音让我知道要开饭了,所以再坚持一下!看起来很快就好了。"而那个天赋不那么好的婴儿就要更多地依赖于妈妈的适应能力了,而且那个数字X对于他来说也是一个更为确切的数字。

你是不是已经能够从这个例子当中看出,智商可以提高个体对挫折的容忍度?我们还可以从中看出,妈妈是可以利用婴儿的智力功能的,从而使自己从这个婴儿对她的依赖所形成的束缚里解脱出来。所有这些都是非常正常的。但是如果你给予一个婴儿超出平均水平的智商,那么这个婴儿和他的妈妈就可能会形成一种共谋,去利用这份智力。而这个婴儿的智力也会被剥离出来,从他的心身存在和他的生活中剥离出来。

不仅如此,在心身领域,还有一个会带来困难的要素,在那个分离出来的头脑的生活中,这个婴儿开始发展出一个假自体,而真自体则成为心身性的,被隐藏了起来,或许还会丢失。所以,当高等数学得到发展的时候,这个孩子反而不知道该拿一分钱怎么办了。

曾有一个病人帮助我了解到了这一点,她在五六岁的时候就轻而易举地教给了我"花衣魔笛手"这个故事，但是她对自己越来越没有信心。她最终前来治疗，就是为了丢掉她那部分分离在外的智力能力（她的父母曾对此引以为豪），她想找到那个真实的自己。在六七岁的时候，她曾为一本家庭杂志向她的保姆口述了一个孩子的故事。很显然，这个孩子就是她自己，她在学校的成绩非常好，但是在心理方面渐渐出现了缺陷。当她从精神分析的治疗中获得解脱的时候，已经五十多岁了。

你以后会明白，我确实认为智商高是一件好事。但是在我的工作中，我也能够看到这件事被人们利用了。在对人格进行描述性记录的时候，我需要把分离出来的智力所带来的令人惊讶的成就考虑在内，同时不能遗漏对个体心身存在的考察。

在过去，大概一百年前，人们还在讨论着心灵与身体。为了从分离的智力的统治中解脱出来，人们不得不假定还存在着灵魂。现在，我们可以将心灵躯体中的心灵作为一个起点，从这个人格结构的基础开始，前进到分离的智力这个概念。在极端的情况下，如果一个人的脑灰质蕴含着丰富的智力资源，那么若不以人类作为参照标准的话，他所发挥的功能可以是非凡的。但是正是人类，通过积累那些被恰当消化吸收的经验，才可能收获智慧。而智力只知道如何谈论智慧。你或许会引用这句话："言谈不离牛犊的，怎能成为明智的人？"（圣经德训篇38：25）

所以，从我在这里采取的观点来看，在被分离出的智力中，加减法和乘除法是没有极限的。除非这一切由计算机来做一个了结。而我们在这里说的恰恰就是人类的大脑，毫无疑问，人类的大脑和你们所发明的以及你们在专业中所使用的计算机，是非常相像的。但是一个个体所能感觉到的被认同的总和是有限的。这个限制取决于这个人已经达到的以及所能够维持的人格发展的阶段。

（我们开始了一个宏大的主题，麻烦的是，我不知道该停在哪里。因为实在有太多可以说的。）

让我们来谈一谈除法。

在分离的智力中，除法没什么困难的。事实上，在这个领域，也确实没有多少困难，除非涉及计算机和编程。除法没有生命，它是被从生命中分离出来的。但是让我们考察一下一个个体是如何达到可以做除法的阶段的。在单元状态的基础上，在每个人的情感发展中，成就是健康的基础。单元人格能够认同更广泛的单位，例如家庭、家或者房子。于是这个单位人格就成了一个更广大的整体概念的一部分。并且很快，它也将成为一个不断扩大的社会生活的一部分、政治事务的一部分，以及（出现在这里或那里的极少一部分人身上）某种可以被称之为"世界公民"的一部分。

这种可除性的基础是单元自我。这个单元自我或许已经被交给上帝了（因为害怕被攻击）。所以我们就又回到了一神论，回到了单一、单独、唯一的意义的成就上来。而"一"被分成"三"是多么快的一件事，三位一体嘛！"三"是可能出现的最简单的家庭成员数量。

当你们教"总和"这个内容的时候，你们的教学必须面对孩子们本来的样子。你们肯定会发现以下三种类型：

1. 有些孩子很容易从"一"开始。

2. 有些孩子还没有达到单位状态，对于他们来说，"一"什么也不是。

3. 有些孩子只是玩概念，他们被老一套关于英镑、先令、便士的说法阻碍了。

你们可能会想从计算尺和微积分来开始对这些孩子进行教学。但是与其去计算，为什么不能让他们去猜呢？这样的话，就可以把他们自己作为计算机来使用。我不明白为什么在算术中，人们要把确切的答案看得那么重要。猜测的乐趣难道不好吗？玩转那些巧妙的方法的乐趣呢？我想，在你们的教学理论中，你们一定已经有很多关于这些事情的想法了。

我想的是，你们一定不要指望一个还没有达到单元状态的孩子能够享受碎片的乐趣。这对这个孩子来说是很可怕的，而且代表着混乱。那么你们该怎么办呢？在这样的情况下，你们可以先把算术放在一边，然后尝试提供一种稳定的环境——使得某种程度的人格整合能够在这样一个还不够成熟的孩子身上发生（即使这可能是姗姗来迟的，而且是令人厌烦的）。这样的一个孩子有可能会被一只小老鼠吸引了全部注意力。这也是很好的算术，即使有点臭。通过这只小老鼠，这个孩子能够达到一种整体性，这在他自己身上是没能实现的。而且，这只小老鼠会死掉，这一点非常重要。除非有一个总数，否则死亡是无法出现的。或者我们反过来讲，人格整合的整体性同时带来了死亡的可能性，以及在实际上的死亡的确定性。于是，伴随着对死亡的接受而来的，是一种巨大的解脱，可以不再恐惧其他可能性，例如瓦解，或者变成鬼魂（在心身关系中，身体的那一半死亡之后，灵魂继续游荡的现象）。我会说，健康的孩子实际上比成年人能够更好地面对死亡。

或许，在对发展的描述上，我再提出另外一点会比较有用。那就是个人的进程与环境之间的互动。这有时指的是天性和养育之间的平衡。在考虑这个特定的问题时，大多数人都倾向选择某一方，但是实际上没有必要去支持一方或者另一方。

人类的新生儿天然地继承了发展与成长的倾向，包括那些发展的定性的方面。我们可以说，一个婴儿十二个月的时候会说三个词，十六月的时候大概就可以走路了，二十四个月的时候就可以说话了。这些是发展的节点（格里纳克）。一个孩子按照自然的时间节点在每个时间段内完成每个发展阶段是顺理成章的。

这么描述是非常简单的，但是遗漏了一个重要的关于依赖的事实。人类对于环境的依赖在一开始是近乎绝对的，很快就会变成相对的，而且总体上趋向独立。在环境这一端，与依赖这个词相对应的关键词是可靠性——是人的可靠性，而不是机械的可靠性。

一项关于母亲对婴儿需求的适应性的研究是非常吸引人的。这项研究显示，这位母亲一开始就有一种非常强的能力，可以通过认同婴儿的能力知晓婴儿到底需要什么。渐渐地，她开始不再那么及时地做出调适了。很快她开始挣扎着想要从这种全神贯注于一个婴儿以及他的需要的限制当中寻求解脱。如果没有人为婴儿提供这种人为的环境，婴儿就无法完成他的第四个发展阶段。这些阶段作为一种倾向是天然地存在于他的身体里的。你可以把这种关于婴儿的论述转换成另一种可应用于不同学龄的说法。

在这个高度复杂的研究领域里，产生了这样一个课题，它关乎一件最为基础的事：统一性的概念。

对于婴儿来说，最开始出现的统一性也包括妈妈的。如果一切顺利，这个婴儿就会开始觉察到妈妈和所有其他客体，并把他们视为"非我"，所以现在只有"我"和"非我"。（"我"能够吸收和容纳"非我"的元素，等等。）只有当妈妈这样一个角色的行为足够好的时候，在这个婴儿建立自我的过程中，这个"我是"的开始阶段才能够成为现实。这种足够好指的是在适应性和减少适应性这两个方面。所以在这里，她起初是婴儿必须接受的一种妄想，并且那种令人不快的"我是"的单位需要被替代，"我是"的单位包含了被吞并的原始单位的丧失，而这是安全的。婴儿的自我能够变得强大是因为有妈妈的自我作为支持，否则他就是虚弱的。

我很想知道，这个领域的失调会如何影响算术的教与学。这肯定会影响学生和教师之间的关系。所有类型的老师都非常需要知道这一点——当他们关心的不是如何去教他们的科目，而是心理上的治愈的时候。这种治愈指的是完成那些没有被完成的任务，而这种未被完成的任务实际上代表了父母或其他相关人员的失败。我在这里提到的任务指的是在需要的时候给予自我的支持。与之相反的行为是嘲笑一个孩子的失败——尤其是那种对向前取得进步和胜利的恐惧。

我想，大家都知道的一点是，小学生和老师之间的关系永远都是至关重要的。当精神科医生潜心于教学方面的问题时，往往从这一点入手。教师自身的不可靠性几乎会使所有孩子变得碎片化。当一个孩子告诉我们，做求和运算（或者历史、英语题目）非常困难的时候，我们能够想到的第一件事情就是，这个老师可能并不适合他。老师的挖苦会使孩子在学习中的许多成长点枯萎。然而，我并不是要简单地指责老师。通常情况是这个孩子有不安全感或过于敏感，所以无论这位老师多么小心，这个孩子都可能变得多疑。每个案例都值得近距离仔细考察，因为没有两个孩子是完全一样的，即使他们都在数学方面有困难。

我现在其实想考察关于个人发展的教学理论，但我必须先把它放在一边。然而我会说，有一件事一定是非常吸引人的，那就是在数学教学的过程中，看到一个人是如何抓住创作冲动的。这种冲动可能是一个孩子游戏的姿态，然后我们可以利用这种冲动以及这个孩子伸手去够的欲望，通过教学的方式，给予这个孩子所能吸收到的一切，直到这个孩子暂时不再创造性地伸手去够了。有时，这样的工作在一对一的教学中能够被做得更好，特别是当有一些修复工作得以完成的时候，因为这个孩子曾经有过一些不幸的经历，甚至是很糟糕的教学经历，那可能是某种形式的教化。

创造性天然地存在于玩耍中，而且人们可能无法在别的地方找到。一个孩子的游戏可能是轻轻地移动他的头，去看窗帘和挂在外墙的一根绳子之间的那种互动，一会儿是一条线，一会儿是两条线。这能够让一个孩子或一个成人玩上好几个小时。你能否告诉我，一个被两只乳房喂养的婴儿是否懂得"二"这个概念，还是说这是对"一"的一种复制呢？你们或许了解这些游戏的活动，但是我不知道它们是怎么回事。我猜你们知道这些问题的答案。对于我来说,我感觉我必须回到自己的职业上来,很简单,就是治疗那些患有精神疾病的孩子,以及建设一种更好、更准确的、更具有服务性的关于人类个体情感发展的理论。

最后我想问的是,为什么数学是只能在连续性中进行教学的科目的最好例子?如果一个阶段被遗漏了,剩余的就都毫无意义。我想,在春季学期,水痘可能要对很多数学学习失败的案例负责。如果你有时间,你就需要单独去教这个孩子当他在家养病或处于隔离期时落下的那个部分。

可能这些在你们看来有些混乱。但是能够参加这样一个跨学科的活动,我就已经感到很满足了。谁知道这样的杂交,能有怎样的结果呢?

假性自体的概念

1964年1月29日,在牛津全灵魂学院给"犯罪——一种挑战"(一个牛津大学团体)准备的未完成的演讲稿。

我以前就曾有幸为"犯罪——一种挑战"做演讲,我发现你们的演讲者可以选择任何主题,不一定非得是和犯罪有关的。这实际上给我带来了一个难题,那就是,如果我真的可以讲任何内容,那我到底应该选什么呢?

六个月以前,当你们邀请我作为这个学期的一个演讲者的时候,我冒出一个想法,就是讲一讲真假自体的概念。那么现在我必须要试一试,把这件事做得更有成就一些,这样你们就可以感觉到这是一个值得讨论的话题。

谈论犯罪是很容易的,因为我知道你们都不是罪犯。然而我应该如何谈论这个话题呢?我选择这个主题,不想让它看起来好像布道一样,因为在某种形式上,或者在某种程度上,我们每一个人都由真自体和假自体组成。事实上,我会把正常与不正常联系起来。我也必须请求得到你们的宽容——如果在这个过程里,我看起来像在说我们都是有病的，或者从另一方面讲，精神病是正常的。

我想你们会同意的一点是，这个主题的中心思想没有什么新鲜的。诗人、哲学家和先知始终都非常关注真实自我这件事，并且一直以来，对自我的背叛也是一件典型的不可接受的事。可能是为了避免变得沾沾自喜，莎士比亚将一堆真理收集在一起，并且通过波洛尼厄斯①这个极令人讨厌的人的嘴把它们交给我们，通过这样的方式让我们接受他的建议：

最重要的是，你的自我要真实；

他必须跟随着你，就像黑夜跟随白昼；

你不可以对任何人虚假。

你们可以向我引用任何一首现在仍在流传的诗歌，并以此表明，对于那些感觉很强烈的人来说，真实永远是他们最爱的主题。你也可以对我指出，人们正在当今的戏剧中寻找答案，在那些工整的、多愁善感的，成功的或光鲜的事物背后，真实的核心是什么？

现在让我假设同样的主题伴随着人的整个青春期，它甚至会在牛津或者剑桥大学里的那些宽阔的大厅里找到回响。现在在这里，可能也有一些人被同样的问题困扰，就像我自己一样。但是我保证，我不会提出任何解决方案。如果我们有这些个人化的问题，我们就必须学会与之共存，来看看时间能为我们带来怎样的个人进展而不是一个解决方案。

---

① 这是《哈姆莱特》中的一个角色。他是一位世故的御前大臣，在第一幕第三场时，他对他即将离家外出的儿子说了一大段话。——译者注

你们知道我的大部分时间都用来治疗病人（进行精神分析和治疗儿童精神病患者）。我看了看周围这些目前正在我的照料之下的人，我想我在他们身上都看到了这个问题。或许在成熟的概念或者说个体成年健康与人格问题的解决办法之间，存在着某种联系。这就好像是在很多很多年的进退两难之后，我们突然醒来，发现原来这个怪兽是一只独角兽。

一方面，我仅仅是在说，每个人都有一个礼貌的，或者说社会化的自我，同时也有一个私人化的自我。你通常见不到他，除非是在亲密关系里。这种情况非常常见，所以我们可以说这是很正常的。

如果你看看四周就会发现，在健康状态下，这样一种自我的划分实际上是个人成长的一种成就。而在不健康状态下，这种划分是一种分裂，这种分裂可以到达头脑的任何深度，在最深的地方，我们可以称它为精神分裂症。

因此我在这里谈论的，是最普遍的事情，同时，也是最具意义和严肃性的事情。

当我正在写这篇讲稿的时候，我被和一个孩子的访谈打断了。

他是一个10岁的小男孩，是我同事的儿子。他面临一个非常紧急的状况。他生活在一个良好的家庭里，但是这并不能改变一个事实，那就是生活对于他来说是艰难的，就像对于其他人那样。他目前的特殊问题是，在经历了很长一段时间的艰难和不成功之后，他在学校有了转变，他开始好好学习了，成绩也还不错。每个人都很高兴,他甚至被称为"20世纪的奇迹",但这是一个极其复杂的情况。这个在他身上发生的转变伴随着另外一个不是么好的变化:他无法入睡。他对他非常善解人意的父母说:"在学校表现好这件事才是个麻烦,它太可怕了,太女孩子气了。"醒着躺在床上,他有各种各样的担心,他甚至想到了爸爸以及自己的死亡。他想起了历史上的一个人物——他非常用功,但在16岁的时候就死掉了。在那些担忧与个性改变之间的联系方面,这个男孩是非常特殊的。那是在他在学校里得了第一个"优"之后,他从公共汽车上下来时,突然产生了一种新的恐惧,他害怕他看到的一个男人会走过来杀死他。这里有一个非常复杂的情况,那就是被杀死的这个念头,对于他来说是有些愉悦的。他说:"我睡不着,因为只要我闭上眼睛,我就会被捅死。"

为了使这个案例在当前的背景下能够得到呈现和运用,有很多情况我在这里都没有讲。在我和他进行了一段非常轻松的谈话之后,他告诉了我他的梦。其中的一个是尤其有意义的。他画了一张关于他自己的画,他和一个带着剑的杀手躺在床上,然后他突然被吓得坐了起来,并用手捂住了自己的嘴,那个杀手就在这时把剑插进了他的身体。你可以在这里看到谋杀以及标志性的性攻击的混合体,而且对于一个这个年纪的男孩来说,这样的梦是非常不寻常的。关键在于,通过和我谈论这些事情,这个10岁的男孩能够向我解释说,如果他在学校表现好,那么他和爸爸就会相处愉快。但是过了一段时间之后,这个孩子失去了他的同一性。他开始变得目中无人,而且用一些很愚蠢的方式拒绝做大人让他做的事情。他讨厌与爸爸发生争执，而且他常常有办法让学校的管理者对他很生气。通过这样一种方式，他才能感觉到真实。如果他表现得很好，那么这些关于杀手的梦就会再次出现。他非常害怕。与其说他害怕的是被杀死，不如说是进入到一个想要被杀死的状态当中。这让他感觉他认同的是女孩而不是男孩。

你看，他确实是有问题的。这是一个常见的问题。但是也许正是因为他与他的父母之间的关系是令人满意的，他才有能力清晰地表达他自己。换句话说，他能够利用假性自体——这个假自体取悦着每一个人，但是这让他自己感觉非常糟糕。在有些情形下，这会使一个人感觉到不真实，但是对这个男孩来说，麻烦在于他感觉受到了威胁，就好像他要变成女性了，或者说，变成了在攻击中被动的一方。因此他受到了一种令人痛苦的诱惑，要去重新声明那些更靠近他真实自我的东西，并且不断地变得目中无人，变得令人不满意，尽管这同样无法解决他的问题，带来令人满意的答案。

我在这里给出这个案例是因为我认为这个男孩是相当正常的，而且我想就这个案例表明一个想法，那就是我已经说过的，解决这个问题，正是青春期要完成的众多事情里的一件。你或许会在你认识的人身上发现同样的问题。这些人表现得很好，他们得到了一些很高的荣誉或类似的事物。但是总有某件事让他们感觉到不真实。为了建立起一种真实的感觉，他们开始变成社会当中令人不舒服的成员。你能够看到他们几乎是故意表现得很糟糕，或者令每一个人失望。

这就是考试可怕的地方。从某种程度上来说，考试就是一种启蒙仪式。从"11+"考试①开始，经过"O Level"和"A Level"，直到大学的学位考试，看起来，这些考试测试的不仅是个人的智力（其实智商测试可以更好地检测一个人的智力水平），也是一个人顺从并容忍自己变得虚假的能力——在某种程度上，这是为了赢得与社会有关的一些东西。学生的特权和义务为其提供了一种非常特殊的位置，但不幸的是这个阶段并不是永久的。过了这个阶段之后，他的人生便展开了，这些东西就能派上用场了。

你大概会觉得世界上有一些人为了获得有限的优势，很容易就能做到一定程度上去容忍和顺从这个世界。然而对于同样的问题，有些人则会彻底抓狂。很自然地，如果发生了这样一件事，一个人在这些问题上感到困惑，前来寻求建议，那么提建议的人一定会落到他真自体或者你也可以用别的词的这一边。在这个主题上，无论何时出现了无法解决的问题，局外人一定要永远尊重个人的完整性。然而，如果你是一个男孩或女孩的父母，你就会很自然地希望这一场真自体与假自体的战斗不在教与学这两个词所覆盖的领域范围之内发生。在这个领域，有太多可以获得的东西，也有太多我们可以去享受的东西。以至于一个令人悲伤画面是：某位父亲或母亲只能在旁边眼睁睁地看着自己的儿子或女儿在一个有机会在文化方面丰富自己的阶段，变得具有反社会性，或者至少支持社会的

---

① "11+"指英国小学生在11岁左右参加的小升初考试。而后面的"O Level"和"A Level"也是英国的考试形式。

反面。

如果我把这个话题带回孩子的童年早期，或许你就能够理解我正在说什么。当你教你的小宝宝说"谢谢你"的时候，实际上这是出于礼貌，而不是因为这是孩子自己的意思。换句话说，你开始教给他一些好的行为习惯。此时，你希望你的孩子有能力去说一些谎言，也就是说，在与社会习俗相符的方面，让他刚好可以达到使生活变得可以管理的程度。你非常清楚的一点是，孩子的意思并不总是"谢谢你"。大多数孩子慢慢都会变得可以接受这种不诚实，把它作为社会化的一种代价，而有的孩子永远无法做到这一点。这或许是因为有人过早地教他们去说"谢谢"，或许是因为他们自己在完整性这个问题上被牢牢困住了。当然，也有一些孩子，他们宁可不融入社会，也不想说谎。

在描述这件事的时候，我仍然在谈论那些正常的孩子，然而，如果说得再远一点，我就会谈一谈那些觉得人生艰难的孩子。他们之所以觉得艰难，是因为他们有一种需要，也就是他们必须树立起以及再次树立起与任何虚假的事物相关的真自体。我认为，在总体上，我们可以说，尽管在日常生活中达成妥协通常是可能的，但是对于每个个体来说，有一些领域是不能妥协的。这些领域被选出来，要受到特殊地对待。这些领域可能是科学、宗教、诗歌，或者游戏。在被选择的这些领域里，是没有妥协的空间的。

抑郁的价值

1963年9月，向精神病社工协会大会提交的文章。

"抑郁"这个术语有通俗的和专业精神病学的含义。足够令人感到好奇的是，这两种含义非常相似。或许，如果确实如此的话，那么其中有一个原因是可以被陈述出来的。作为一种情感状态，或者说情感的失调，抑郁症会伴随着疑病症以及自我反省。因此，抑郁的人会意识到自己感觉很糟糕，也会以一种夸张的程度意识到心脏、肺和肝脏以及风湿病的疼痛。相比之下，精神病术语"轻度躁狂症"或许可以等同于精神分析术语"躁狂防御"，这个词的含义是，一种抑郁的情绪正在被否认。似乎没有一个通俗的词语可以和这个术语等同。（希腊词语"自恃"或许可以和其画等号，但是"自恃"似乎意味着一种得意扬扬，而不是轻度躁狂症。）

我在这里要表达的观点是，抑郁是有价值的，同时，非常清楚的是，抑郁的人承受着痛苦。他们可能会伤害自己，或者终结自己的生命。他们中的一些人是精神疾病造成的伤亡人员。这里存在一个悖论，而我希望可以对这个悖论进行考察。

精神分析师和精神科社工常常发现他们自己对那些严重的病例承担着责任,并且被卷入了精神治疗的过程当中,与此同时,不管使用何种方法,他们都不能确保自己免遭抑郁的侵扰。而且,既然建设性的工作是抑郁症带来的好事之一,经常会发生的一件事就是,我们会用我们与抑郁症患者的工作,去应对我们自己的抑郁。

作为一名医学生,我所接受的教导是,抑郁症在其自身内部就有着康复的萌芽。这是精神病理学上光明的一点,它把抑郁症与内疚感(有内疚感的能力是健康发展的一个迹象)和哀悼的过程联系起来。同样,哀悼最终也会倾向于结束自己的使命。这种自带的康复倾向还把抑郁症与个体在婴儿和童年时期的成熟过程联系了起来,这个过程(只要在一个促进性的环境里)会迈向人格的成熟,也就是健康状态。

个体情感发展

最开始,婴儿就是环境,环境就是婴儿。通过一种非常错综复杂的过程(这一点已经部分地被人们理解了,我和其他人也就这一点做过非常详细的论述[①]),婴儿区分出客体,然后将环境同他自

---

① D.W.温尼科特,《儿科学与精神病学》以及《过渡客体与过度现象》,收录于《论文集:从儿科学到精神分析》,伦敦塔维斯道克出版社,1958年。

M.巴林特,《头脑的三个区域》,刊于《精神分析国际刊物》,第39卷,1958年。

M.米勒,《理解非我的象征意义的不同方面》,刊于《精神分析国际刊物》,第33卷,1952年。

W.霍夫,《自我和本我发展的相互作用:早期阶段》,刊于《儿童精神分析研究》,第7卷,1952年。

己区别开来。这当中有一种半途中的状态，在这种状态下，与婴儿有关的那个客体是一个主观性客体。

然后，这个婴儿成为一个单元体。一开始这是暂时性的，后来就几乎是持续性的了。这个新的发展所带来的众多结果之一就是，这个婴儿拥有了一个内在世界。内在与外在之间的错综复杂的相互交换就在这时开始了，并会持续一生，这构成了这个人与这个世界的主要关系。这个关系甚至比客体关系和本能满足还要重要。这个双向的互换涉及被称为"投射"和"内摄"的心理机制。之后会发生很多事情，实际上是非常多事情，但是在这样的背景下，进一步拓展这个主题是不合适的。

这些发展的来源是每个人身上先天固有的成熟化进程，环境对其起到促进作用。促进性的环境是必需的，如果这个环境不够好，成熟进程就会减弱或者萎缩。（我已经对这些情形做了很多描述，它们是错综复杂的。[1]）

这样，自我结构和力量就会成为一种现实，一个新的个体对于环境的依赖会离绝对依赖越来越远，而离独立越来越近，尽管永远也不会达到绝对独立。

自我力量的发展和建立，是一个重要的或者说基础性的标志

---

[1] D.W.温尼科特，《在设定情景下的婴儿观察》和《临床上移情的种种变化》，收录于《论文集：从儿科学到精神分析》，伦敦塔维斯道克出版社，1958年。

D.W.温尼科特，《精神分析与内疚感》，收录于《成熟进程与促进性环境》，霍加思出版社，1965年。

着健康的特征。很自然地，随着一个孩子慢慢成熟起来，"自我力量"这个词会意味着越来越多的东西，而且在最开始的时候，自我能够拥有力量只是因为这个孩子的妈妈能够随时适应他，给予他的自我以支持。这个妈妈在一段时间内，能够非常亲密地认同她自己的宝宝。

然后就会到来这样一个阶段，在这个阶段里，这个孩子成了一个单元体，他变得能够感觉到"我是"，他拥有了一个内在世界，也能够驾驭自己的本能风暴。而且他还能够容纳来自个人内在精神现实的张力和压力。这个孩子已经变得有能力抑郁了。这是情感成长的一个成就。

所以，我们关于抑郁症的观点是和自我力量、自我的建立以及发现人格同一性这几个概念密切相关的。正因如此，我们能够讨论这样一个想法——抑郁是有价值的。

在临床精神病学中，抑郁症可能会有一些特征，这些特征看起来明显是对于一种疾病的描述。但是，即使在严重的情感失调中，我们也始终可以看到，抑郁情绪的存在给了我们一些根据，让我们相信这个个人的自我没有被瓦解，并且他可能有能力来守住自己的堡垒，即使实际上他无法走出来解决他自身的内在战争。

抑郁的心理

不是每个人都承认这个世界上存在着抑郁的心理。对于很多人来说（包括一些精神病学家），这几乎已经成为一种宗教信仰了，那就是抑郁症是关于生物和化学的。或者说这是黑胆汁理论的一个现代版本，这个理论曾经让一个中世纪的天才发明出了"精神忧郁症"这个词。对于下面这个说法，你一定会遇到一种强有力的抵触，这个说法就是——存在一种无意识的、积极的心理上的组配，它为情绪赋予了心理上的意义。但是对于我来说，情绪及其各种各样的杂质是有含义的，这个含义会导致一些病态特征。在这里，我会试图描述我所知道的其中的一些。（我知道的那些基于我在工作当中发现的事情。在工作中，我应用的理论是我自己的理论，这些理论也起源于弗洛伊德、克莱茵和其他几位前辈。）

很自然的一点是，在所有这些事情里，憎恨被锁在了某个地方。或许，困难就在于如何接受这样的憎恨，即使抑郁的情绪意味着憎恨已经在控制之中了。我们现在看到的正是掌握着控制权的那些临床上的努力。

抑郁症与神经官能症相结合的一个简单例子

一个14岁的女孩被带到帕丁顿绿色儿童医院，因为她的抑郁症很严重，她在学校的学习退步得很厉害。在一次精神治疗的访谈中（一个小时），这个女孩描述并画出了她的一个噩梦。在这个梦里，她的妈妈被一辆汽车撞死了。汽车的司机戴着一顶帽子，帽子很像是她爸爸的。我向她说明了她对于她爸爸的非常强烈的爱，这是为了解释她为什么会有妈妈死亡这样的念头。与此同时，暴力的那个部分所代表的正是性交。她看到了，她做这个梦的原因是性的压力和爱。她现在接受了她恨自己的妈妈这样一个现实，而她为妈妈付出了很多。她的情绪有所缓和，她回家时已经不再抑郁了，而且她能够再次享受学校的生活了。这次改善的效果一直持续了下去。

这是最简单的一类例子。如果一个梦产生了，被记住了，并且被恰当地表达出来了，这本身就是一种迹象，说明做梦的人有能力去处理这个梦所包含的内在的紧张感。被画下来的这个梦也说明了自我力量的存在，并且这个梦的内容给了我们一个样本，可以看出这个女孩的个人内在精神现实的动力系统。

在这里，我们可以谈到在异性恋当中被压抑的憎恨以及死亡愿望，这会带来对本能冲动的压制。然而，那些有个性的东西——这个女孩的情绪和她缺失的活力——在这样的语境下会被忽略。如果她变得生机勃勃，她的妈妈就会受到伤害，这是一种提前发挥作用的内疚感。

作为一个单元（体）的自我

如果你能接受图表的话，那么把一个人想成以一个球体或者圆来呈现，是比较有帮助的。在这个圆里面，收集着所有驱动力与客体之间的相互作用，这组成了一个人在此时此刻的内在现实。这个内在世界的细节有点像柏林市的地图，其中的柏林墙是世界紧张局势的中心。

在这个图表中，城市上方弥漫着一层雾——如果他们那里有雾的话,这层雾代表抑郁情绪。所有事情都慢下来了,并且被带向一种死气沉沉的状态。这种相对沉闷的状态控制了一切,而且在人类个体层面,它会使与外在客体相联系的本能和能力变得模糊不清。渐渐地,有些地方的雾没有那么浓了,或者甚至开始消散了。然后可能会出现一些令人惊讶的现象,这些现象对事情是有所帮助的,就好像圣诞节时柏林墙上出现的裂口。情绪的强度降低了,生命又重新开始了,在这里和那里,紧张感也减少了。由此发生了一些重组,一个东德人逃到西德去,或者也许是一个西德人去了东德。不管怎么样,其他的一些交换也发生了,所以此刻,让情绪成为过去的安全时机到来了。在人类的层面上,柏林墙可以从东边往西边挪一点,或者从西边向东边挪一些,当然,这样的事情在现实的柏林不会发生。

情绪及其解决实际上是好与坏的内部元素的重新组合和安排,是一场战争的结构化。它就像一张餐桌,一个男孩常常会在餐桌上把他的堡垒和士兵进行排列组合。

女孩倾向于使这些元素主观化,而不是具体化,因为她们可能会想到怀孕,有宝宝。而婴儿天然地会在内在与毫无生机这件事相对抗。女孩的潜质是受到男孩的嫉妒的。

在这里,在关于自我结构和个人内部经济方面,我们并没有对焦虑以及焦虑的内容考虑太多。抑郁袭来,持续,最终消散,这个过程表明自我结构度过了一个危机阶段,这是整合的胜利。

危机的性质

我们只能稍微看一下危机发生的方式以及解除危机的一些特定类型。

抑郁情绪最主要的成因是，在破坏性以及那些伴随着爱产生的破坏性的想法方面出现了新的体验，这些新的体验使得内部重新评估成为一种必要，我们正是将这种重新评估看作抑郁症。

定心丸并不是能够缓解危机的事物。鼓励一个抑郁的人振作，或者把一个抑郁的孩子悠上悠下，给他甜食，指着那些树对他说："你看那些闪闪发光的绿叶多好看呀！"这些做法都是不好的。对于抑郁的人来说，那棵树看起来就像是死了，那些叶子也是静止的，或者根本就没有叶子，只有黑色的、荒凉的原野和光秃秃的自然景象。如果我们给他们加油，只会让我们自己看起来像傻瓜一样。

可能让事情有所不同的是一场严重的迫害，例如，战争的威胁，精神病院里一个恶毒的护士，或者一次背叛。在这里，外部的坏就成为用来存放那些内部的坏的一个地方，并且会通过把内部紧张感向外投射的方式产生一种缓解，这样雾可能就会开始消散了。但是人并不能把邪恶作为一种处方开出来。（或许惊吓疗法就是故意开出的一个邪恶处方，所以有的时候在临床上它是成功的，尽管如果我们从人类两难的角度去考虑的话，其实是一种欺骗。）

但是一个人能够用下面这种方式帮助到处于抑郁中的人：采取一种容忍抑郁症的原则，直到它自发地褪去，并且高度肯定这样一个事实,即仅仅是自发治愈这件事对这个人来说就是感觉非常好的。有一些特定的条件会影响结果,或加速或减慢这个过程。最重要的一点是这个人的内部经济。是在任何情况下都朝不保夕,还是在内部经济的永久武装中立状态下,各力量中有互相对立的良性因素?

令我们惊讶的是,一个人在走出抑郁症之后,可能比他患抑郁症之前更加坚强,更有智慧,更稳定。很大程度上,这有赖于抑郁远离了那些可以被称作"杂质"的东西。我们会尝试说明这种杂质的性质可能是什么。

抑郁情绪的杂质

1. 在第一类里,我要放的是所有自我组织的失败。这些失败表明在这个病人身上有一种指向更原始的疾病类型,一种指向精神分裂症的趋势。这里存在一种人格解体的威胁,而且那些精神病性质的防御(分裂等)构成了临床治疗的画面,这包括分裂,人格解体,不真实的感觉,以及缺乏与内部现实的接触。一种弥散性的精神分裂元素可能会出现并使抑郁症变得更加复杂,因此,在这里我们可以使用"精神分裂抑郁症"这个名词。这个词表明,有一些总体上的自我组织(抑郁)还在保持着,尽管人格解体(精神分裂)的威胁也出现了。

2. 在第二类里,我要放的是那些维持了自我结构的病人。自我结构使抑郁成为一种可能,然而他们还有迫害妄想。这些幻想的存在表明这个病人或者是用不利的外部因素,或者是用创伤的记忆来缓解内部迫害所造成的冲击，把这一点覆盖起来就会导致抑郁的情绪。

3. 第三类指的是有一些病人通过允许内在紧张以疑病症的方式得到表达来获得缓解。躯体疾病的存在可能被利用了，或者在一些迫害妄想的案例中（类别2），躯体疾病可能是被想象出来的，或者是由扭曲的生理过程产生的。

4. 在这一类里，我指的是一种不同类型的杂质，用精神病学的术语说，它叫作轻度躁狂症，也就是精神分析术语里的躁狂防御。这里存在着抑郁，但是被病人拒绝或者否认了。抑郁症的每一个细节（死气沉沉、沉重、黑暗、严肃等）都被它的反面（生机勃勃、轻松、光明、轻浮等）取代了。这是一种有效的防御，但是这个个体也会为此付出代价，那就是不可避免的抑郁还会再次袭来，而他只能在私底下独自承受。

5. 在这一类里，我指的是躁狂抑郁摆荡，这在某种程度上集合了从抑郁症到躁狂防御的种种变化，但是也由于一个特定特征的存在而变得非常不同，这个特征就是与这两种状态的分离。在躁狂抑郁摆荡的状态里，病人或者是抑郁的，因为他在控制着一种内在紧张，或者是癫狂的，而不是躁狂，因为他被充满张力的内在状况的某些方面所占据和激活。不管是在情绪摆荡的哪一端，这个病人都没有和另一端的状态发生接触。

6. 在这里，我要说的是自我边界的夸张化，它来自对崩溃并陷入精神分裂式的分裂机制的恐惧。在临床上，它的结果就是以一种抑郁的模式对人格进行的非常激烈的组织。这有可能在很长一段时间内保持不变,并且被构建到这个病人的人格内部。

7. 在愠怒和精神忧郁症中有一种"被压制的情绪的回归"。尽管仇恨和破坏力被控制住了,但是受这种控制影响的临床状态本身,对于那些和病人接触的人来说是难以忍受的。那种情绪是反社会的和具有破坏性的,尽管那个病人的仇恨是接触不到的和固定的。

在此时此地展开这些主题是不太可能的。我在这里想要强调的是自我力量和个人的成熟度,这一点体现在抑郁情绪的纯度上。

总结

抑郁症是属于精神病理学范畴的。抑郁症可以非常严重,对身体造成相当大的损害,并且可能持续一生。在相对健康的个体身上,抑郁也是一种很常见的阶段性情绪。在通常情况下,抑郁这种常见的、几乎是普世存在的现象最终会与哀悼、与感觉到内疚的能力、与成熟的进程相联系。不变的是,抑郁暗示着一种自我力量。所以从这个角度来说,抑郁倾向于消散,而且抑郁的人也倾向于在精神上恢复健康。

攻击、内疚和补偿

1960年5月8日，为进步联盟做的演讲。

我希望能够借助我作为精神分析师的经验来描述一个主题，这个主题在分析工作中一次又一次被人们提及，而且永远都有巨大的重要性。它和建设活动的根基之一是有联系的，它和建设与破坏的关系是有联系的。你大概能立刻认出，这个主题是梅兰妮·克莱茵已经大体展开过的一个主题，她已经把她的想法集合在这样的一个主题之下：情感发展中的抑郁位置。这是否是一个好的标题并不是我们要讨论的重点。一件重要的事情是，精神分析理论一直都在发展之中。克莱茵女士提出了破坏性这一主题，而破坏性是存在于人类天性当中的。正是克莱茵女士使这个主题成为精神分析领域中的一个有意义的话题。这是第一次世界大战之后的10年间一个非常重要的发展，我们当中很多人都感觉，如果没有这个对弗洛伊德关于人类情感发展论述的补充，就没有办法开展我们的工作。梅兰妮·克莱茵的工作延伸了弗洛伊德的论述，但也没有改变分析工作的方式。

有些人可能会想，这个主题属于精神分析技巧的传授。如果我对形势判断正确的话，那么即使是这点，你可能也并不在意。然而我确实相信，对于所有有思想的人来说，这个主题有着非常关键的重要性，特别是通过一方面把罪疚感与破坏性联系起来，另一方面把它与建设活动联系起来，丰富了我们对于"内疚感"这个词的理解。

这一切听起来都很简单，并且显而易见。破坏一个客体的想法出现了，产生了内疚感，结果是建设性的工作。但是我们所发现的却要错综复杂得多。很重要的一点是，当我们尝试使用一个复杂的描述时，我们要记住，当上面这个简单的顺序开始说得通，或是成了一种现实，或是变得具有意义时，它是一个人情感发展的一项成就。

精神分析的特点是，当他们试图处理这样一个主题时，他们总是会以发展中的个体这个角度来考虑。这意味着要回溯到非常早期的时候，并且要去看是否能够确定起源点。当然了，有一种可能性是，我们认为个体在婴儿时期是这样一种状态——还没有能力感觉到内疚。然后我们会说，在稍后一些的阶段，我们知道（在健康状态下）内疚就能够被感觉到了，或者被体验到，但是这种体验可能并没有在意识上被认为是内疚感。在这两者之间，还有这样一个阶段——有内疚感的能力还处于被建立的过程当中。我在这篇论文当中所关注的正是这个阶段。

我们没有必要给出特定的年龄或时间，但是我会说，有的时候，家长在他们的孩子满一周岁之前就能够探知孩子开始有内疚感了。尽管没有人会想到，一个孩子在5岁以前就已经牢固地建立了一种技能，去接受破坏性想法的全部责任。在探讨这一项发展时，我们知道，我们所谈论的是整个成长期，特别是青春期；而如果我们谈论的是青春期，那么我们也在谈论成年人，因为没有成年人在所有时间里都是成年人。这是因为人们并不仅仅是他们自己现在这个年龄的人，在某种程度上，他们是任何一个年龄的人，或者说是没有年龄的人。

另外，我想，对于我来说，似乎我们这样做能够相对容易地理解存在于我们自身的破坏性，也就是把它与受挫时的愤怒，对我们所反对的事物的憎恶，或者对恐惧的反应联系在一起。对每个个体而言，困难的是为破坏性承担全部责任。这种破坏性是个人的，也天然地存在于与被感觉是好的事物的关系之中。换一句话说就是，它与爱有关。

在这里，我们要提到"整合"这个词，因为如果一个人能够想象一个充分整合的人，那么这个人就会为因为活着而产生的全部想法和感觉承担责任。与之相反，整合的失败就是，我们需要在自身之外找到那些我们不认可的事情，并且这么做是有代价的，代价就是失去了破坏性，而破坏性确实是属于我们自己的。

因此，我在这里谈的也是每个个体身上都要出现的一项发展——发展出一种能力，为这个个体全部的感觉和想法承担责任。整合让这一点成为可能，而"健康"这个词与整合的程度有着密切的关联。对于一个健康的人来说，有一件事就是，他或她不用非得在很大程度上使用投射这种技巧才能处理自身的破坏性冲动和想法。

你将会了解到，我越过了最早期的那些阶段，那些事情可以被称作情感发展的原始方面。我是不是可以说我并没有在谈论最早的那几周和几个月呢？在这个基础情感发展的阶段，如果产生崩溃，就会导致需要在精神病院治疗的疾病，也就是精神分裂症。在这个演讲里，我并不会探讨这个问题。在这篇论文中，我会假设在每个案例里，父母都已经提供了最关键的照顾，这已经让婴儿走上了通往个体存在的道路。我想说的这些同样可以应用于对一个正常孩子在一个特定发展阶段的照料，或者一个孩子或一个成年人的某个治疗阶段。因为在精神治疗中，其实真的没有什么新鲜的事情，能够发生的最好的事情就是，那些原本在一个人的发展中没有被完成的事情，在后来的某一个时间里、在治疗的过程中、在某种程度上被完成了。

现在我想给你们一些来自分析治疗工作的例子。除了那些和我今天要提出的观点相关的细节，其他的我会略过不谈。

案例一

这个例子来自对某人的分析，这个人自己也是从事精神治疗工作的。在与我的一次对话中，他告诉我，他去看了他的一位病人的表演，也就是说，他已经走出了在咨询室里的治疗师这个角色，并且开始在这个病人工作的时候和他见面。这个病人的工作涉及非常快速的动作，而且需要很高的技巧，他在这个特殊的职业上做得很成功。但他那些快速的动作在治疗的一个小时里是没有任何意义的，只是让他围着躺椅团团转，就像着了魔一样。我的病人，也就是这个人的治疗师对于他所做的事情心存疑虑，他不知道这样做是好还是坏，尽管他感觉对于他来说去看看这个人工作的样子大概是一件好事。然后他提到了复活节假期时他自己的一些活动。他在乡下有一幢房子，他非常喜欢体力劳动，包括各种各样的建造类工作，他很喜欢小机械，也会使用它们。之后他开始描述他家庭生活当中的一些事情。我不需要把他描述的都传递出来，告诉你们它们的情感色彩，但是我会简单地说，他回到了一个主题上，这个主题在最近的分析中非常重要——在这些分析里，各种各样的工程工具占据了很大一部分。在他来找我做分析的路上，他经常会在我家附近的一个商店那里停下来，盯着一个机械工具一直看。这非常能说明问题。这是我的病人实现他口欲期攻击性的一种方式，是一种原始的爱的冲动，带着冷酷和破坏性。我们可以称它为"吃"。他的治疗趋势是朝向这种原始的爱的冷酷性的，并且，就像我们可以想到的那样，他对达到这一点的阻抗也是巨大的。（顺便说一下，这个人是了解这些理论的，他能够以一种对待知识的方式非常详尽地描述这些过程。但是他来找我是为了做毕业之后的分析，因为他需要和他的原始冲动——并不是作为一种头脑里的事物，而是要作为本能的体验和身体的感觉——有真正的接触。）在这一个小时内，还有很多其他内容，包括对这个问题的讨论：一个人能不能吃掉他的蛋糕，并且拥有它？

我想从这个案例中提取出来的唯一的事情就是我的一个观察：

当这个关于原始的爱和对客体的破坏的话题来到我们面前时，它已经涉及建设性的工作。当我向他对破坏（吃）进行诠释的时候，这个病人需要我这么做。我可以提醒他，关于建设性，他都说了些什么。我可以提醒他，就像他去看他的病人表演一样（那种表演让那些急速的动作有了意义），我原本也可以去看看他在花园中是怎么工作的，是如何使用那些器械来修缮他的住所的。他可以推倒墙或者劈开大树，而且非常享受这些活动，但是如果这些活动都不是基于建设性的目的的话，就会变成毫无意义的、疯狂的剧情。这是我们工作的一个常规特征，也是今晚我的演讲的主题。

或许这么说也是对的，人类不能容忍在他们非常早期的爱里存有以破坏性为目的的爱。不过，如果一个正在向这种目的靠近的人手上已经有了其目的具有建设性的证据并且人们能够提醒他或她这一点，那么关于破坏性的想法就是可以被容忍的。

我在这里想起了对一个女人的治疗。在治疗的早期，我曾经犯过一个错误，这个错误几乎结束了一切。我诠释了某一件特定的事情，口欲施虐，即无情地把这个客体吃掉，这是属于原始的爱的。我有足够的证据，而且实际上我也是对的，但是这个解释给得太早了，早了10年。我吸取了我的教训。在随后很长时间的治疗里，这个病人重新组织了她自己，成了一个真正的整合的人，她能够接受那个关于她的原始冲动的真相了。最终，在10或12年的定期分析之后，她才为这样一种解释做好了准备。

案例二

一个男病人走进我的房间,他看到了别人借给我的一台录音机,这使他产生了一些想法。当他躺下来,为这一个小时的分析工作拼凑好他自己的时候,他说:"我会想,当我的治疗结束时,在这里,在我身上发生的这一切,总会以某种方式,对这个世界产生价值。"我在脑子里做了一个记录,病人的这个评论可能表明他又要接近他的那些破坏性攻击了。自从两年前开始治疗以来,我就不得不反复应对这种破坏性。在那次治疗结束之前,这个病人确实对于他对我的嫉妒有了新的了解,他嫉妒我作为一个分析师做得还不错。他有一种冲动,想感谢我一直以来做得很好,并且能够去做那些他需要我去做的事情。我们以前也有过类似的对话,但是现在的他已经超越之前那些场合中的他,和他的破坏性感觉有了接触。这种破坏性指向那些或许可以被称作好事的事情。当所有这些被建立起来之后,我提醒他,他走进来看到那台录音机时表达了一种希望,即希望他的治疗本身被证明是有价值的,对人类总的需要是有贡献的。(当然,我提醒他这一点并不是必须的,因为重要的是发生了什么,而不是讨论发生了什么。)

当我把这两件事联系起来的时候,他说,这种感觉是对的。但是如果我的诠释是建立在他的第一个评论之上的,那将多么可怕!他的意思是说,如果我利用他的这个愿望,并且告诉他这表明了一种破坏的愿望,他就不得不用自己的时间和自己的方式,先抵达他的破坏性冲动。毫无疑问,这是他的一种能力,使他与其破坏性的亲密接触成为一种可能。但是具有建设性的努力是虚假的，比毫无意义更糟糕，除非就像他说的，他能够首先抵达他的破坏性。他感到他的工作到目前为止都没有一个恰当的基础，而且确实（就像他提醒我的那样）正是因为这一点，他才来找我做治疗。顺便要说一下的是，他在工作中其实做得非常出色，但是他总会在接近成功的时候，感觉到一种越来越强烈的无效感和虚假感，一种想去证明他没有价值的需要。这成了他人生的一种模式。

案例三

我的一个女同事讲述了一个男病人的事情。这个男人伸手去够某样东西，这件事可以被解释为一种想要从分析师那里偷走某种东西的冲动。事实上，他对她说："在经历了一段很好的分析工作之后，我发现，因为你的洞察力，我很恨你。而你的洞察力恰恰就是我在你身上所需要的东西。我有一种冲动，想从你那里偷走那些让你能够做这份工作的东西，无论它们是什么。"其实就在这件事发生之前，他曾经顺带地提到过，如果能挣更多钱就好了，就有能力付更高的费用了。你可以在这里看到同一件事：他到达和使用了一个慷慨的平台。我们可能从中瞥见一种对于好的事物的嫉妒心、偷窃行为和破坏欲，这潜藏在慷慨之下，并且属于原始的爱。

案例四

下面这个片段节选自一个很长的关于一个青春期女孩的案例描述。她正在接受治疗，治疗师在治疗的同时，还在自己家里照看这个女孩，以及自己的孩子们。这样的安排，有有利的方面也有不利的方面。

这个女孩一直病得很重。在这个事件发生的时候，按我现在的描述来说，她正从一段很长时间的退行中走出来，她曾退行到依赖和婴儿状态。我们可以说这个女孩并不是在她和这个家以及家庭的关系当中退行的，但是在治疗时的有限范围里，她仍然处于一种非常特殊的状态。这些发生在晚上的某个固定时间。

有一次，这个女孩表达了非常深的对X夫人（也就是那个既照顾她又为她做治疗的人）的仇恨。在治疗以外的时间里，一切正常，但是在治疗时间里，X夫人却被反复地、彻底地毁坏了。我们很难传达出她对X夫人，即那位治疗师的仇恨程度，事实上，那是一种将她毁灭的想法。在这个例子中，治疗师并不是出门去看工作中的病人，因为X夫人一直在照看这个女孩，她们之间同时存在两种不同的关系。白天的时候发生了各种以前没有发生过的事情：这个女孩开始想要帮忙打扫房间，擦亮家具，她希望自己能有用。这种帮助的行为是这个女孩人格模式中从来没有过的特征，即使是在她自己家里，在她病得很严重之前，都没有过。

我会认为，很少有青春期的孩子在家里从来不帮忙，可这个女孩以前甚至连碗都没有洗过。所以这种帮忙是一个非常新的特征，而且它悄无声息地发生了（我们可以这么说）。它的发生伴随着非常彻底的破坏性，这种破坏性是这个孩子开始在她的爱的一些原始方面里发现的，而这种爱是她在治疗期间，在和治疗师的关系中接触到的。

你可以看到同样的事情在这里重复着。很自然地，这个病人开始意识到她的破坏性使具有建设性的活动成为可能，并且这样的活动在白天的时候也出现了。但是现在我想让你们从另一个方向来看这件事，正是具有建设性和创造性的体验让这个孩子可能接触到她的破坏性。

你可能会观察到一个推论，那就是这个病人需要机会做出贡献，参与进去。正是在这里，我的主题与日常生活联系在了一起。创造性的活动，充满想象的玩耍，以及建设性的工作，这样的机会，正是我们试图平等地给予每一个人的，在这里我要再次提及这一点。

现在我想试着把我以案例的形式提出的观点集中在一起。

我们都在应对着内疚感的一个方面，它来自对一个人原始的爱当中的破坏性冲动的容忍。对一个人的破坏性冲动的容忍，带来了一件新的事情：享受各种想法的能力（即使这些想法中存在破坏性），并且享受身体上的兴奋。这种兴奋来自这些想法，或者说这些想法也归属于这种兴奋。这种发展为关切的体验提供了施展的空间，这种关切是所有建设性事物的基础。

你能够看到，我们可以根据情感发展的阶段，使用各不相同的词语配对，在这里对情感发展做出一种描述：

灭绝——创造

破坏——再创造

仇恨——强化的爱

残忍——温柔

弄脏——清洗

毁坏——修理

……

让我用下面这种方式来陈述我的论点吧！如果你喜欢，你就可以看着一个人修理东西的样子，然后自作聪明地说："啊哈，这意味着无意识的破坏。"但是你这样的做法对于这个世界并没有多少益处。而另一种选择是，你可以在一个人的修理行为当中看到他正在建立起一种自我力量，这种力量使得容忍这个人天性中的破坏性成为可能。假如你用某种方式阻碍了修理工作，那么在某种程度上，那个人就会变得无法为他的破坏性冲动负责，临床上的结果或者是抑郁，或者是寻求一种解脱，方式是在其他地方搞破坏，也就是说，使用投射的机制。

为了结束对这个宏大主题的简要阐述，我将在此列出一些日常工作当中的应用，这些工作是我今天所说的观点的基础。

1. 做出贡献的机会以某种方式帮助我们每个人接受了破坏性。破坏性是我们自身的一部分，它是很基础的，来源于爱，爱就是"吃"。

2. 提供机会，在人们拥有一些建设性时刻的时候保持觉知，这并不一定起作用，我们能够看到为什么会这样。

3. 当我们给予人们机会，让人们可以对某人做出贡献的时候，我们可能会得到三种结果。

（1）这恰恰就是他所需要的。

（2）这个机会没有真正被使用，所以最终人们在具有建设性的活动中退缩了，因为人们感觉它是虚假的。

（3）机会被提供给了某个没有能力感知到个人破坏性的人，因此，他感觉这个机会就像一种责备。在临床上，这种结果可能是灾难性的。

4. 我们可以使用我所讨论的这些观点，在智能上充分掌握内疚感的运作方式。内疚感位于破坏性向建设性转化的点上。（在这里我必须指出的一点是，通常我所谈论的内疚感是无声的，而不是可被意识到的，它是一种潜在的内疚感，会被建设性的活动抹去。临床上的内疚感，也就是那种能被意识到的负担，是另外一回事。）

5. 从这一点上，我们可以对一些可能出现在任何地方的强迫性的破坏性产生更多理解，但是这是青春期的一个特殊问题，也是反社会倾向的一个常见特征。尽管破坏性具有强迫性和欺骗性，但它比建设性更诚实。建设性并不建立在内疚感（这种内疚感来自对一个人破坏冲动的接受，这种冲动指向令他感觉好的事物。）的基础上。

6. 这些事务与一些非常重要的事相关。当一位母亲和一位父亲给予他们的宝宝一个好的人生开端的时候，这些事务正在以一种隐藏的方式进行着。

7. 最后，我们来到了这个引人入胜的哲学问题面前：一个人能吃掉他的蛋糕并且拥有它吗？

作为希望迹象的青少年犯罪

1967年4月，在温彻斯特阿尔弗莱德国王学院举办的少年犯感化院助理总监会议上所做的演讲。

  尽管我这次演讲的标题被以这样一种方式呈现出来——"作为希望迹象的青少年犯罪"，但是我更愿意谈一谈"反社会倾向"。原因就是，这个词可以被用来指代在标尺上正常的那一端、时不时在你们自己的孩子身上或者在那些家境良好的孩子身上所出现的倾向。在这里，人们能看到我相信存在于该倾向和希望之间的那种联系。当一个男孩或一个女孩由于沟通和交流的失败变得很难搞定的时候，人们并不会认为那些反社会行为是包含"SOS"呼救信号的。当再度获益变得很重要，而这个孩子在反社会活动中学会了更多技巧的时候，人们就更难看到那个"SOS"呼救信号了（无论如何，它还在那里）。在这个反社会的男孩或女孩身上，这个信号是一种希望的迹象。

  我想说清楚的第二件事就是，我知道我做不了你们的工作。从气质上来说，我并不适合你们所做的工作。而且不管怎么样，我都不够高也不够强壮。我有某些技能，也有某种经验，我们仍然要去探索的是，在我所知道的那些事情和你们所做的工作之间，能否找到某种通道。当你们回到工作中的时候，可能我今天所说的这些事情，没有一件能够对你们所做的事产生任何影响。然而，也可能会有一些间接的影响。因为在你们要对付的那些男孩和女孩中，大部分人有一种倾向——要变成讨人嫌的人，有时候这在你们看来就像是对人性的侮辱。你们会试图把你们看到的青少年犯罪与一些比较宽泛的事情联系起来，例如贫穷、很差的住房条件、破碎的家，父母的青少年犯罪行为以及社会体系的缺陷。而我想感受到的是，作为我必须要讲出来的这些话的一个结果，你们或许能看得更清楚一些，那就是在每一个你所碰到的案例中都有一个开始，在这个开始的地方，我们会看到病症的存在，这个男孩或女孩变成了受到剥夺的孩子。换句话说，那些曾经发生的事情是有意义的，尽管当每一个孩子开始被你们照看时，那份意义往往就已经丢失了。

我想说清楚的第三件事情和我是一个精神分析师这个事实有关。我并不是要提出一个强烈的主张，说精神分析对于你们的主题可以做出直接的贡献。如果确实是这样的话，那么它也属于近期的工作。我个人承担了其中的一部分，我试图形成一个理论，这个理论是有价值的，因为它是真实的，在某种程度上它起源于自精神分析发展而来的总的理解体系。

我现在要说一说我想要阐述的主要论点，它真的一点也不复杂。我的观点是以经验为基础的（但是就像我完全可以承认的那样，这些经验是关于那些更小的孩子的经验，他们更接近那些麻烦的开端,且他们并非来自最糟糕的社会)。根据我的观点,反社会倾向天然地与剥夺相关联。换句话说,和某种特定的失败相比,总体的社会失败并不承担那么多责任。对于我们所研究的这些孩子来说,可以说,事情进展得足够好,但是他们自身却没有发展得足够好。某个变化发生了,它改变了这个孩子的一生,这个环境中的变化发生的时候,这个孩子的年龄已经足够大了,他已经懂得一些事情了。这并不是说这个孩子可以到这里来,给我们做一个关于他自己的演说,而是只要给予恰当的条件,这个孩子就能够再现那些已经发生过的事情,因为在事情发生时他们已经发展得足够充分了,能够意识到发生了什么。也就是说,在精神治疗提供的特殊条件下,这个孩子在玩耍中,在梦里,或者在谈话中能够回忆起那个产生了原始剥夺的实质性特征的事件。我想把这与情感发展早期阶段中的环境干扰做一个对比。一个被剥夺了氧气的小孩子不会到处诉说以希望能够说服某人:如果曾经他被给予足够的氧气,那么事情就会一切正常了。一个孩子情感发展的环境被扭曲不会使其产生反社会倾向,而是会产生人格的扭曲,这会导致精神类疾病。如此一来,这个男孩或女孩就容易患上在精神病院被处理的那些失调症,或者他或她终其一生都要携带某种对现实检验的扭曲,这种扭曲也可能是人们能够接受的。反社会倾向并不是关于匮乏的,而是关于剥夺的。

反社会倾向以驱力为特征。这种倾向驱动着这个男孩或女孩回到那个被剥夺的时刻或之前。被以这种方式剥夺的孩子,刚开始会遭受难以想象的焦虑,渐渐地他会重新组织成个体,处于一种相对平淡的状态,顺从着,因为除此以外,这个孩子什么也做不了,他还不够强大。从管理者的角度来看,这种状态可能是颇为令人满意的。然后,因为这样或者那样的原因,希望出现了。这意味着这个孩子在没有意识到发生了什么的情况下,开始有了一种冲动,要回到那个被剥夺的时刻之前。这样,他就可以撤销对于平淡状态被组织起来之前产生的那些难以想象的焦虑或困惑的恐惧。这件颇具欺骗性的事情是那些照顾反社会孩子的人需要知道的,如果他们想从发生在他们周围的事件中看出意义的话。只要条件给予了这个孩子某种程度的新希望,反社会倾向就会成为一种临床上的特点,这个孩子就会变得让人很为难。

在这一点上,我们有必要看到的是,我们正在谈论反社会倾向这件事的两个方面。我想把其中一个方面与小宝宝和母亲的关系联系起来,而将另一个方面与稍后的发展中这个孩子和父亲的关系联系起来。前者与所有孩子都有关系,后者尤其与男孩有关。前者与这样一个事实有关,那就是可以适应小宝宝需求变化的妈妈会使这个孩子能够创造性地找到客体。她启动了孩子对这个世界的创造性地使用。如果这一点没有被实现,这个孩子就与外在客体失去了接触,他就会失去创造性地找到事物的能力。在出现希望的时候,这个孩子会伸出手偷一样东西。这是一种强迫性行为,这个孩子并不知道他为什么要这样做,这个孩子常常会感觉自己疯了,因为他有一种要去做某件事的强迫感,可自己又不知道为什么。很自然地,从沃尔沃斯商店偷来的钢笔并不令人满意,这并不是他要寻找的客体。不管怎样,这个孩子要寻找的,是找到的能力,而不是一个物体。然而，在出现希望的时刻，在这些做过的事情中，可能是有一些满足感的。从果园里偷出的苹果会更靠近边界。它可以是一个熟透的苹果，尝起来味道不错，而且被农民追赶也可能是一件很好玩的事情。另一方面，这个苹果也可能是绿的，这个男孩吃了它之后感觉肚子疼。或者这个男孩并没有吃掉他偷来的东西，而是把苹果送人了。或者他是一场偷窃的组织者，他本人并没有去冒翻墙的风险。在这样的结果中，我们看到了从普通的恶作剧到反社会行为的转变。

因此，如果我们考察对第一种反社会倾向的表述，我们就会看到一些很常见的事情，可以说它们是正常的。比如你自己的孩子要求到食品储藏室里拿一个小圆面包，或是你两岁的宝宝翻了你夫人的手提包，拿走了一分钱。如果我们考察这些事情的程度方面的不同，我们就会发现，在一个极端上，有些事情变为一种强迫性的行为，它没有什么意义，也不会使人产生直接的满足感，但是会发展成一种技能；而在另一个极端上，是在每个家庭中一遍又一遍发生的事情——一个孩子对某种与之有关的剥夺以一种反社会行为做出反应，家长则回应以一段暂时性的宠溺，这可能会很好地帮助孩子度过这个艰难的阶段。

此外，我还想考察关于孩子和父亲的剥夺问题，但是原则是一样的。这个孩子——这一次我会说这个男孩，因为如果是女孩的话，我仍然要说这个女孩身上的男孩部分——发现有攻击性的感觉和具有攻击性是安全的，其原因是家庭的框架以一种本地化的形式代表了社会。如果妈妈对她的丈夫有信心，或者如果她有信心发出请求就能够从本地社会得到支持，比如也许是从警察那里得到支持，就会使这个男孩有可能去体验一些粗糙的破坏性活动（这些活动总体上和动作有关），或者一些更具体的破坏性活动（这些活动和围绕着仇恨积累起来的幻想有关）。通过这样一种方式（因为环境是安全的，妈妈有爸爸的支持等），这个孩子变得有能力去做一件错综复杂的事情，把他的所有破坏性冲动和那些爱的冲动整合在一起。当事情顺利的时候，这个孩子就会认识到一个关于破坏性想法的现实，那就是，那些破坏性想法天然地存在于生命、生活和爱中，他会找到一些方法去保护那些珍贵的人与事免遭他的破坏。事实上，他会建设性地组织他的生活，目的是使他自己不会对脑子里那些非常真实的破坏性想法感觉太糟糕。为了在他的发展中实现这一点，这个孩子绝对需要一种在一些实质性的方面无法被破坏的环境。当然，地毯会变脏，墙会需要重新贴墙纸，窗户偶尔也会被打破，但是无论如何，这个家没有散架，并且在这些背后是这个孩子对于父母之间关系的信心，这个家庭在持续运转中。如果发生了剥夺，这个家出现了破裂，特别是当父母失和的时候，这个孩子的心理组织就会被严重破坏。突然，他的破坏性想法和冲动都变得不安全了。我想，接下来马上会发生的事情就是，这个孩子会把失去的控制重新拿回来，并且对这个框架做出认同，但结果是他失去了他的冲动性和自发性。这当中的焦虑实在是太多了，最终的结果是这个孩子会与他的攻击性达成一种和解。接下来会有一个时期，再一次地（就像在第一类剥夺里一样），从管理者的观点来看，一切似乎是令人满意的。在这个阶段，这个孩子会对管理者有更多认同，超过了对不成熟的自己的认同。

　　这类案例中的反社会倾向会使男孩在发现有某种回归社会的希望的时候重新发现他自己。这意味着他会再次发现自己的攻击性。他当然不知道正在发生什么，但是他会发现自己伤了某人或者把窗户打破了。在这样的案例中，希望并不是一种藏在偷窃行为里的求救信号，而体现在攻击性的大爆发上。这种攻击可能毫无意义，并且没有逻辑。就像问一个偷窃的孩子为什么要拿那些钱并没有什么用处一样，问一个以这样的方式怀着攻击性的孩子为什么要打碎窗户，也是没有什么好处的。

　　实际上，这两种反社会倾向的临床表现是有联系的。很简单，在总体上，与攻击性的大爆发相比，偷窃与一个孩子在情感成长方面更早期的剥夺有关。在社会对于这两种在希望出现的时刻所发生的反社会行为的反应中，我们可以看到一些很常见的现象。当一个孩子偷窃或者有攻击性的时候，社会不仅倾向于无法接收到其中传达的信息，而且更容易受到刺激，于是以一种道德的角度做出回应。大众的自然反应倾向于对偷窃行为和疯狂的大爆发做出惩罚，并且人们的每一个努力都是为了迫使这个年轻的罪犯能够给出一种逻辑上的解释，但实际上，逻辑在此并不适用。在经受了几个小时的讯问、搜集指纹证据等程序之后，反社会的孩子会想出某种供词和解释，仅仅是为了结束没完没了的、让人难以忍受的问询。然而这种证词是没有价值的，因为即使它可能包含一些事实的真相，也不能够接近真实的原因或者造成这种困扰的病因。事实上，通过胁迫获取供词、成立调查事实的委员会，都是在浪费时间。

如果我在这里的陈述是正确的，那么尽管它们和对这样一群男孩女孩的日常管理可能没有多大关系，我们仍然有必要考察一下这种状况，来看一看我们是否有可能在特定的环境里将这个理论进行实践应用。例如，是不是有可能让负责管理男少年犯的人给这些男孩安排一些治疗性质的个人接触？从某种意义上说，所有社群都是治疗性的，只要他们还在发挥作用。生活在一个混乱的群体当中，孩子们什么也收获不了，而且如果没有强有力的管理，这些孩子中间迟早会出现一个独裁者。不过"治疗性"这个词在这里还有另外一种含义，那就是它关乎的是一个人处于一个能够在很深的书面与他人交流的位置上。

我想，在大多数情形下，对于那些夜以继日做着管理工作的人来说，让他们自身做出一些必要的调整来使得他们可以允许一个男孩接受一段时间的精神治疗或者个人接触，或许是不大现实的。我当然也不会轻率地向任何人建议尝试使用这两种方法。不过与此同时，我也会想，如果有些人能够设法做到这一点，那么那些男孩（或者女孩）就可以非常好地利用这种专业的治疗过程。不过在这里必须强调的是，当你负责总体管理时和当你与一个孩子处于一种私人关系时，你在态度上是绝对不同的。首先，在这两种情形里，你对于反社会的种种表现的态度是非常不同的。对于管理这个群体的人来说，反社会活动就是不能被接受的。相反，在治疗过程中是不会有关于道德的问题的，除非这种问题是这个孩子自发产生的。治疗过程并不像委员会调查那样，而且无论是谁在做这种治疗性的工作，治疗所关注的都不是客观事实，确切地说，治疗关注的是那些病人感觉是真实的事情。

　　在这里，有些事情我们可以从精神分析那里直接平移过来，因为精神分析师们非常清楚，在有些和病人进行治疗的过程里，他们会被安上一些莫须有的罪名。举例来说，病人可能会指责治疗师为了戏弄他们故意改变了房间里某样物体的位置；或者他们会非常肯定治疗师有另外一个他更喜欢的病人；等等。我上面所描述的被称为"妄想性移情"。对于一个不了解自己的防御的治疗师而言，他可能会很自然地回答那个物体的位置和昨天一样，或者说这里出现了一个小错误，或者说他尽了自己最大的努力不去偏向任何一个人。如果治疗师这么做了，他就没能利用病人呈现出来的这个素材事件。这个病人在当下所经历的是在他过去的某个时间点上有真实性的一些事，如果治疗师能够允许自己被放在一个分派的角色上，就会出现这样一种结果——这个病人会从妄想中恢复清醒。因为治疗师需要接受在那个时刻被这个病人所分派的角色。从一个群体管理者的角色切换到一个个体治疗师的角色一定是非常困难的，但是如果做到了这一点，回报也将是非常丰厚的。然而我必须提醒任何一个想去这么做的人，这项工作并不容易。如果一个男孩要在每个星期四的下午三点与你见面，那么这就是一个神圣的约定，任何事情都不能成为它的阻碍。除非这个约定因为其可靠性而成为一件可以被预见的事，否则这个男孩是无法很好地利用它的。当然，当他开始感觉到这个约定是可靠的时，他利用它的首要方式之一，就是去浪费它。这样的事情必须被接纳和容忍。任何一个处于精神治疗师角色的人都不需要非常聪明。对于治疗师来说，必要的只是愿意留出一个特殊的时间段,专注于那个孩子在那个时候发生的事情,或者经由这个病人潜意识的合作出现的那些事情。这些很快都会有所发展,并且产生一个强有力的过程,而正是在这个孩子身上发生的这个过程令治疗变得有价值。

讨论

在接下来的讨论中,有成员问到这样一个问题:在一群男孩子中间,如何识别出一个可以被挑选出来接受这种特殊的治疗的男孩?我的回答不得不简短一些,我的答案是:一个人大概可以选择这样一个男孩——他之前刚刚被宠坏了,因此变得格外难以对付。这种特殊的临床问题要么会带来惩罚以及进一步的僵化,要么被作为一种交流并加以利用,这种交流标志着新的希望。

问题是,希望是什么?这个孩子希望做什么?这个问题是很难回答的。这个孩子自己也不知道答案,他只是希望能够带着某个可以倾听他的人,回到那个剥夺的时刻,或者回到那个阶段,在那时,剥夺被巩固成了一种不可避免的现实。那个男孩或女孩希望的是,在与那个作为精神治疗师的人的关系当中,能够重新体验到在对剥夺做出反应之后,紧跟着到来的强烈痛苦。一旦那个孩子可以利用治疗师给予他的支持,回到那个命运里的时刻或者那个阶段所带来的强烈痛苦中,接下来就会出现对剥夺之前的那段时间的记忆。通过这样一种方式,这个孩子或者回去找到了他所丢失的那种找到客体的能力,或者回去找到了丢失了的安全框架。这个孩子回到了一种有创造性的与外部现实的关系中,或者回到自发性是安全的阶段,即使这里的自发性会包括攻击性冲动。这一次,回到过去是在没有偷窃和没有攻击的情况下完成的,这是自动发生的,因为这个孩子抵达了过去曾经被认为是不可容忍的情境里——那些因被剥夺而发生的痛苦。在这里,我说的痛苦指的是强烈的混乱,人格的解体,一蹶不振,与身体失去联系,彻底失去方向,以及这类性质的其他状态。一旦一个人带着一个孩子来到了这个领域,而且这个孩子经历了这一切,回忆起了以前发生的事情,那么这个人就不难理解为什么这些反社会的孩子必须要用他们一生的时间来寻求这类帮助。他们无法驾驭自己的人生,直到某个人可以和他们一起回去,并通过再次经历剥夺之后立即产生的结果,让他们能够回忆起过去。

(温尼科特博士试图让他的观点更清晰,于是他举了一个例子,那是一次和一个因为偷窃问题被带到他那里的男孩的谈话。这个男孩懒洋洋地坐在他房间里一把为父母准备的椅子上。他的父亲举止得体,就好像是为了这个孩子才这么做的一样,而这个孩子则利用了这个局势并掌握了主动权。任何想要让这个孩子规矩一点的尝试都会使在这一个小时取得成效的希望变得渺茫。渐渐地,这个孩子在某种游戏中安静了下来,他的爸爸就到等候室里去了。接下来,这个男孩和治疗师之间就有了某种更深入的交流。在这一个小时结束的时候,这个男孩已经能够回忆起并且充分描述出几年前他还不能去应对的那个艰难时刻的感受了,那时,他感觉自己被遗弃在一家医院里了。

给出这样的描述，是为了阐述，通过这样的方式，那个进行心理治疗的人必须暂时抛弃在群体管理中用得上的一切手段。尽管，理所当然的是，在这个被预留出来的时间段的最后，他还必须回归到一种总体的态度上，这种态度使运作一个群体成为可能。温尼科特博士再次重复，他并不确定在博尔斯托的群体里，是否可能把总体管理和个人工作结合在一起，即使一次只和一两个男孩进行工作。但无论如何，他感觉到，通过尝试描述这件事情固有的困难以及可能的回报，人们对此可能有了一些兴趣。）

心理治疗的多样性

1961年3月6日，给剑桥社会与医学方面的精神疾病协会所做的演讲。

比起治疗的多样性，你会更多地听到人们讨论疾病的多样性。很自然地，这二者是相互联系的。我需要先谈疾病，再谈治疗。

我是一名精神分析师，我想如果我说精神治疗的基础是精神分析训练，你并不会介意。这些训练包括对学生分析师进行个人分析。除此之外，还有精神分析理论和精神分析元心理学，它们影响着所有动力心理学——不管是哪个学派的。

精神治疗有很多类型，然而它们的存在不该依赖于执业者的观点，而应该依赖于病人或案例的需要。我们可以说，只要可能，我们会建议进行精神分析，但是在不可能或存在反对意见的地方，我们或许就要做出适当的调整。

在众多以这样或那样的方式找到我的病人当中，只有非常小的一部分人实际上接受了精神分析治疗，尽管我工作的所在地是世界的精神分析中心。

我可以谈一谈技术性的调整，当病人患有精神病或者病人是边缘型人格障碍的时候，需要做出这样的调整。但是这并不是我想在这里谈论的。

在这里，我对治疗方式有特殊的兴趣——一个受过训练的分析师可以做一些分析以外的事情，并且使这些事情发挥作用。通常，当只有一段有限的时间可被用于治疗时，这一点是非常重要的。比起我个人认为有更为深远效果的治疗（例如精神分析），这些治疗方式通常看起来更好。

首先我想说的是，心理疗法的一个基本要素就是不应该和其他疗法混合在一起。如果关于可能要实施惊吓疗法的想法很引人关注，那么我们就不可能开展工作，因为这改变了整个临床局面。病人或者会恐惧，或者会秘密地期待这种身体治疗（或者二者都有），这样心理治疗师就永远无法抵达病人真实的个人问题。

另一方面，我必须要假设对于身体的照顾是足够的。

下一件事就是，我们的目标是什么？我们是希望做得尽可能多还是尽可能少？在精神分析中，我们会问自己：我们能够做多少？在我所在医院的中，我们的座右铭是：需要我们去做的有多么地少？这处于另一个极端，这让我们永远都会意识到案例有经济学的方面。这让我们去寻找一个家庭中的核心疾病，或者社会的疾病，这样我们或许就可以避免浪费我们的时间和某人的金钱去治疗一个家庭大戏当中的第二等角色。这其中没有什么原发的东西，但是你可能会希望一个精神分析师这么说，因为分析师们尤其可能在长期治疗中停滞不前，在这个过程里，他们可能会看不到不利的外部因素。

然后，在这个病人所面临的困难当中，有多少困难简单地基于这样一个事实——从来没有人以智慧的方式倾听过他？早在40年前我就发现，如果做得好，从母亲们的角度研究案例的历史本身就是一种心理治疗。我们必须给予足够的时间而且很自然地采取一种非道德化的态度，那么当那位母亲最终说出她头脑中的话的时候，她可能会加一句："现在我明白了这个孩子当下的症状是如何与其在这个家庭里生长的整体模式相符的；现在我可以对付这件事了，原因很简单——你让我用自己的方式和自己的时间了解了整个故事。"这不仅是一件关于抚养孩子的父母的事情，成年人会说这也是关于他们自己的事，而且精神分析可以被说成是一种非常长的历史考察。

你们当然都听说过精神分析中的移情。在精神分析的设置当中，病人把他们过去的一些经历带过来，也带来了他们的内在现实，将他们自己暴露在一种幻想当中。这种幻想就是他们与分析师之间不断变化的关系。通过这样一种方式，无意识的东西会慢慢进入意识。一旦这个进程开始了，我们获得了病人潜意识的合作，那么永远都会有很多工作要做，这也决定了治疗的平均长度。考察最初的那些谈话是非常有意思的。如果一个精神分析治疗开始了，那么治疗师要小心的是，在开始的时候不要显得过于聪明。这是有充分的理由的。在最初的谈话中，病人带来的是他全部的信念以及他全部的怀疑。这些极端的事物必须被允许真实地表达出来。如果分析师在开始的时候做得太多，病人要么会逃跑，要么出于恐惧会发展出一种最华丽的信念，并且会变得就像被催眠了一样。

在进一步阐述之前，我必须提及其他一些假设。在病人身上是不能有保留区的。心理治疗不会为病人的宗教信仰、文化兴趣或者他的私生活开出处方，但是如果一个病人让自己的一部分完全处于防御之中，那么他就是在避免治疗进程里的天然的信任。你将会看到，与这种信任相伴的是治疗师身上的一种特质，也就是一种职业的可靠性，这甚至比普通医疗中的医生的可靠性还要重要。非常有意思的是，为医学治疗奠定基础的《希波克拉底誓言》①以一种原始的清晰度承认了这一点。

我再一次想说的是，按照我们工作背后的理论，由心理原因（而不是身体原因）引起的失调症代表着个体情感发展当中出现了一个障碍。心理治疗的目标非常简单——解除这个障碍，这样，发展就能够在它原来没有出现的地方出现了。

用另一种平行的语言来说，心理失调症就是不成熟——个体情感发展中的不成熟。这种情感发展包括个体与其他个体和环境逐渐发展出关系的能力的进化。

为了让我自己的观点更清晰，我必须给你们一种关于心理失调症（个体不成熟）的分类的观点，即使这会涉及一种对于高度错综复杂的事物的粗暴简化。我会将其分成三类。第一类会让我想到一

---

① 《希波克拉底誓言》是在约2400年以前的希腊伯里克利时代，由希波克拉底提出的警诫人类的职业道德圣典，其基本精神被视为医生的行为规范直到今日，很多国家的很多医生在就业时还必须按此誓言宣誓。——译者注

个术语"神经官能症"。这里包含全部的失调症。得了这些失调症的个体在早期阶段得到了足够好的照顾,因而从发展的眼光来看,他们处于这样一个位置——在某种程度上他们碰上了完整的人生所固有的那些困难,但是没能容纳这些困难。在完整的人生里,人应该驾驭本能,而不是被本能所驾驭。我必须将那些更为"正常"的抑郁症归入此类。

第二类让我想到的词是"精神病"。在这里,由于非常早期的对婴儿的照顾出了一些问题,个体人格的基本结构受到了干扰。这个基本的缺陷,就像巴林特①所说的,可能会导致出现于婴儿期或童年期的精神病,或者更晚阶段的一些困难可能会暴露出自我结构中过去没有被注意到的缺陷。这一类别的病人一直无法达到神经官能症患者的健康程度。

我把第三类的位置留给了这两者之间的情况,这些个体开始时得到的照顾是足够好的,但是他们的环境在某个时间点上反复地或在一段比较长的时间内没能成功地起作用。这些孩子、青少年或成年人可以非常正当地宣称:"一切都很好,一直到……我的个人生活无法继续发展,除非环境承认它欠我的。"但是,当然了,剥夺以及它所产生的痛苦并不经常能成为意识层面的东西,因此,代替这些语言的是我们在临床上发现的一种态度——这种态度会展示出一种反社会倾向,而且可能会具体化为青少年犯罪行为以及屡次犯罪。

---

① M. 巴林特,《基本缺陷》,伦敦,塔维斯多克出版社,1968年。

那么，你暂时正在通过三架望远镜的错误一端观察着心理疾病。通过第一架望远镜，你看到的是反应性的抑郁症，它和破坏性的冲动有关，这种冲动伴随着二元关系（基本上是母婴关系）里的爱的冲动。你也会看到神经官能症，这和矛盾心理有关。也就是说，同时存在着爱与恨，这属于三角关系（基本上是指孩子和父母的关系），这种关系既经历着异性恋，也经历着同性恋，只不过比例有所不同。

通过第二架望远镜，你看到的是，由于有缺陷的婴儿照顾方式，情感发展早期阶段变得扭曲。我承认，有些婴儿比其他婴儿更难照顾，但是正如我们并不是要站出来责备任何人，我们在这里可以将疾病的原因归为养育上的失败。我们看到的是个人自我结构的失败，以及这个自我与环境当中的客体产生关联的能力的失败。我愿意和你们一道从这个内涵丰富的切入点深挖下去，但是我现在必须采取不同的做法。

通过这架望远镜，我们看到了各种各样的失败，它或者构成了精神分裂症的临床途径，或者产生了精神病的暗流，这种暗流干扰到了我们当中很多人生活的平稳流动，而我们总是设法让自己被贴上正常、健康、成熟的标签。

当我们用这样一种方式看待疾病的时候，我们只会看到我们自己身上那些被夸大的因素，而不会看到任何可以使精神上患病的人处于一个分离位置上的事情。因此，张力天然地存在于对患者从精神病学角度进行的治疗和看护中，而不是所谓的身体治疗和药物治疗。

第三架望远镜把我们的注意力从生命中天然的困境转移到具有不同性质的干扰上。因为被剥夺了权利的人无法通过怨恨来解决他或她自己的内在问题，这是一种几乎被人遗忘的侮辱的合理的补偿。在这个房间里的我们可能不属于这一类，即使在最轻微的程度上。我们中的大多数都会这样说自己的父母："他们会犯错误。他们不停地让我们受挫。上天注定由他们为我们介绍现实原则、自发性的死敌、创造性以及真实的感觉，但是他们从来没有真的让我们失望过。"正是这种失望构成了反社会倾向的基础。而且无论我们多么不喜欢我们的自行车被盗或者使用警力来防止暴力，我们确实看到也确实理解了，为什么这个男孩或者那个女孩要强迫我们面对挑战——不管他们是通过偷窃的方式还是通过毁坏的方式。

我已经尽我所能地为我关于精神治疗的不同种类的简要论述建立了一种理论背景。

第一类　神经官能症

如果这类疾病需要治疗，我们会提供精神分析法。这是一种专业的、总体上具有可靠性的设置，在这种设置里，被压抑的无意识可能会成为意识。这是病人无数个人冲突实例中的"移情"的结果。如果情况顺利，本能的生活及患者想象中的详尽扩展会产生焦虑，对这种焦虑的防御会变得越来越不那么僵化，也会越来越多地处于患者有意的控制系统之中。

第二类　早期护理中的失败

如果这一类疾病需要治疗，我们就需要为患者提供机会，让他可以在极端的依赖条件下产生一些体验，这些体验实际上是属于婴儿期的。我们会看到，除了在有组织的心理治疗里能见到这样的条件，在其他一些地方也能够找到这样的条件，例如，在友情里，在为了进行身体治疗而提供的护理里，在文化体验中，其中一些可以被称为宗教性体验。一个持续照料一个孩子的家庭会提供一些机会，让这个孩子可以退行到依赖的状态，即使是一种高阶的依赖。这确实是家庭生活的一个常规特征。如果家庭生活被很好地嵌入社会环境，那么它就可以持续地被用来重新建立并强调照顾的各种要素——这些要素属于养育婴儿的最初阶段的范畴。你会同意，有的孩子很享受他们的家庭生活以及他们逐渐增强的独立性，而另一些孩子则要不断地在心理治疗中利用他们的家庭。

在这里，专业的社会工作作为一种给予专业帮助的尝试介入了。如果这些帮助是由父母、家庭以及社会单位提供的，那么就是非专业的。从整体上来说，社会工作者在第一类所描述的意义上并不是心理治疗师。然而，社会工作者在满足我们在第二类中提到的那些需求方面是精神治疗师。

你会看到，一个母亲对一个婴儿所做的大量事情可以被称作"抱持"。不仅在实际上抱着婴儿是非常重要的——这是一件只能由对的人谨慎做出的需要小心翼翼的事情，而且婴儿养育当中的很多部分都是一种不断扩大的对"抱持"这个词语的诠释。抱持将逐渐包括所有身体上的护理——只要这些护理是为了顺应婴儿的需求。渐渐地，一个孩子会很重视被大人放下这件事，这对应的是现实原则被呈现在孩子面前，这个原则一开始是与快乐原则相悖的（全能感被抛弃了）。家庭继续提供着这种抱持，而社会则抱持着家庭。

这种正常的、家长和本地社会单位的功能在被专业化之后，或许就可以被称为社会福利工作，即当成长倾向得到机会时，人们对人和对状况的抱持。这些成长倾向在每个个体身上都是始终存在的，除非毫无希望（由于重复的环境上的失败）导致了一种有组织的退缩。这些倾向被人们描述为整合——精神与身体的和谐共处，一个人与另一个人的联结，以及发展出一种与客体产生关联的能力。这些进程会一直向前，除非被抱持的失败和个体创造性冲动没有被满足所阻碍。

第三类　剥夺

当病人被他们过去的一个关于剥夺的领域控制的时候，治疗需要适应这一事实。作为人，他们可能是正常的，也可能有神经症或精神病。一个人很难看清这个人的个人模式到底是什么样的，因为无论何时，当希望开始复活的时候，这个男孩或女孩就会产生一种症状（偷窃或者被偷窃；去搞破坏或者被破坏），这会迫使环境注意到他或她，并且采取行动。行动通常是惩罚性的。但是患者所需要的当然是充分的认可和充分的回报，就像我曾经说过的。通常这一点都没有被做到，因为有太多东西无法在意识层面被获取，但是很重要的是，对反社会轨迹早期阶段进行的深入挖掘经常会产生线索和解决方案。我们应该开始一项关于青少年犯罪的研究，这项研究的内容应该是在家庭完整的相对正常的孩子身上的反社会倾向。在这里，我经常发现，我们很可能会追踪到剥夺事件以及由此带来的极度痛苦，正是这一点改变了这个孩子发展的整个轨迹。（我已将相关案例集册出版①，如果有时间，我可以给出其他一些例子。）

我在这里要说的重点是，留给社会的是所有没有得到治疗以及无法被治疗的案例。在这些案例中，反社会倾向已经被建立起来，成为一种稳定化的青少年犯罪现象。这里的需求是提供特殊的环境，我们一定要把这些环境分成两种类型。

一种环境是，希望使被它们所抱持的孩子完成社会化。

另一种环境仅仅被设计成隔离这些孩子，让他们远离社会，直到有一天这些男孩和女孩因年龄太大而无法被关押——这时他们作为成年人进入了这个世界，但是会反复陷入麻烦之中。这一类机构通常都可以运作得非常顺利，特别是当它们被非常严格地管理的时候。

我们能否看出这实际上是非常危险的——当我们把一个照顾孩子的系统建立在失调症收容所的工作基础之上，特别是建立在少年犯管教中心的那些"成功"管理之上？

---

① 在《儿童精神病的治疗咨询》一书中可以找到一些例子，伦敦，贺加斯出版社，1971年。

在我已经说过的这些基础之上，也许我们现在可以去对比三种类型的心理治疗了。

很自然地，一个执业的精神分析师需要能够轻松地从一种疗法过渡到另一种疗法，并且如果必要的话，他实际上要在同一个时间段内使用所有类型的治疗方法。

精神病性质的疾患（第二类）需要我们组织起一种非常复杂的"抱持"，包括身体的护理——如果必要的话。当患者无法应对身边的环境的时候，就需要职业的治疗师或者护士介入。就像我的一个朋友（已故的约翰·里克曼）所说的："神志失常就是没有能力找到任何一个可以容忍你的人。"这里有两个因素：病人所患的疾病的程度，以及环境能够容忍症状的能力。正因为如此，世界上有一些人比住在精神病院里的那些人病得更严重。

我所指的这一类心理治疗看起来会像友谊一样，但是它并不是友谊，因为治疗师是收费的，并且只会约定一个有限的时间段来见病人。因为每一次治疗的目的都是达到一个点，在这个点上，专业的关系结束了，患者自身的生活和人生自此接手，然后这个治疗师将继续进行他的下一份工作。

就像其他专业人员一样，与私人生活相比，治疗师在工作中的行为会受到更高标准的要求。他会很守时，能够顺应他的患者的需要，在他与病人的接触当中，他不会将自身受挫的冲动付诸行动。

非常明显的一点是，在这个类别之下，一些非常严重的病人确实会因治疗师的品行产生非常巨大的压力——他们确实需要人与人的接触和真实的情感，而且他们还需要将一种绝对的信任放在这个治疗关系上，他们最大限度地依赖这份关系。最大的困难会出现在这样的情形下——患者曾在童年受到引诱。在这样的案例里，在治疗的过程中，病人必须体验到一种幻觉，那就是治疗师正在重复这种引诱。很自然地，病人的康复依赖于童年受到诱惑的经历被抵消。那段经历把这个孩子过早带到了真实的而非想象的性生活里，并且会毁掉这个孩子无休止玩耍的特权。

在为应对神经官能症类疾患（第一类）所设计的疗法中，由弗洛伊德发明的经典精神分析的设置会很容易维持下去，因为病人会把某种程度的信念以及一种信任的能力带到治疗当中。当这一切被认为是理所当然的，分析师就有机会允许移情按照它自己的方式发展。而且进入分析素材的并不是幻觉，而是以象征性的方式表达出来的梦境、想象和想法。随着治疗进程通过病人的无意识合作不断地发展，那些象征性的方式将在这种治疗进程中得到诠释。

关于精神分析的技术，这就是我在现在有限的时间里能说的全部了。这种技术是可以被学习的，也是非常难的，但是不会像为应对精神病性的失调症而设计的疗法那样令人筋疲力尽。

就像我已经说过的，被用来处理患者身上反社会倾向的心理疗法只会在下面这种情况下起作用：患者接近了他的反社会轨迹的起点，并且处于再度获益和建立起犯罪技巧之前。只有在这种早期阶段，病人会知道他（或她）是一名患者，而且会切实地感觉到一种要去接近这种困扰的根源的需要。当有可能沿着这些线索开展工作的时候，医生和病人会坐下来进入某种侦探故事里，使用任何可能获得的线索——包括关于这个病人过去的历史和他（或她）所知道的一切，在深埋的无意识与有意识的生活及病人记忆系统之间那薄薄一层里的某个地方，开展他们的工作。

在正常人身上，无意识和意识之间的那层空间被文化诉求占据着。少年犯的文化生活是出了名的单薄的，因为他们是没有自由的，除非逃到一个没有被记住的梦境里或者现实里。任何想要探索这个中间区域的尝试都不会将人们带到艺术、宗教或娱乐方面。我们只会发现反社会行为，这些行为是强迫性的，并且就其本质而言，对个人是没有回报的，对社会则是有伤害性的。

治愈

1970年10月18日，在哈特菲尔德圣路加教堂，于圣路加礼拜日给医生和护士们所做的演讲。

今天我获得了一个机会，通过这个机会，我希望试着表达一些想法和感觉。在我的想象中，这些想法和感觉对我们所有人来说都是很普遍的。

我不和关于内在体验的宗教打交道，这并不是我的专业，但是同样作为医疗从业者，我和我们工作的哲学打着交道，这种哲学也是某种关于外部关系的宗教。

在我们的语言中，有这样一个很好的词——治愈（cure）。如果这个词能够被允许开口说话，我们可以料想他会讲一个故事。词语有着这样一种价值，它们有着语源学的根源，它们是有历史的：就像人类一样，有时候，它们会进行一场斗争来建立和保持自己的身份。

在一个最肤浅的层面上，"治愈"这个词指向了宗教和医疗实践中的一个共同特征。我相信，治愈在其根源上是照顾、护理的意思。大约在1700年，这个词开始退化成一个医疗手段的名称，例如在水疗（water cure）这个词里。又过了一个世纪，这个词增加了新的含义——成功的结果，病人恢复了健康，疾病被摧毁了，恶魔被驱除了。

Let the water and the blood

Be of sin the double cure

让水与血

成为罪恶的双重疗愈

这两行诗已经不仅仅包含了"cure"这个词的词义从照顾过渡到疗法的迹象。这个转变就是我在这里要考察的。

在医疗实践中，我们会发现，在"cure"这个词的使用上有两个极端，在这两个极端之间有一条鸿沟。今天，在"治愈"（也就是成功地根除疾病及其原因）这个意义上，"cure"一词在倾向于把治好的含义覆盖于照料之上。医疗从业者始终致力于一场战斗，防止这个词语的两种意义失去联系。我们可能会说，全科医生是照料病人的，但是必须知晓疗法。相反，纠缠专科医生的是对问题的诊断和对疾病的根除，但他也必须努力记住的是：照料同样属于医疗行为。在这两个极端位置的其中一个位置上，医生是一名社会工作者，他几乎是在为教区牧师——这一宗教事务的管理者——所提供的垂钓资源的池塘里钓鱼。而在另一个极端的位置上，医生不仅在诊断方面是一名技师，在治疗方面也是。

这个领域太大了，以至于将一种方式或其他方式专业化是不可避免的。然而，作为思考者，我们不能让自己停止对全盘路径的尝试。

人们想从作为医生和护士的我们这里得到什么？当我们自己是不成熟的，生病或变老的时候，我们想从我们的同事那里得到什么？这些条件——不成熟、生病、年老——带来了一种依赖性，这是一个事实。随之产生的是，人们需要一种可靠性。作为医生，我们被召唤着成为具有人道（而不是机械）可靠性的人，可以把可靠性注入我们的整体态度之中，护士和社会工作者也是如此。（此刻我必须假设我们有能力识别这种依赖性，并根据我们的发现做出调整。）

关于有效治疗的价值是没有争议的。（举例来说，我将我不是瘸子这个事实归功于青霉素，我夫人也将她能够继续享受生命这件事归功于青霉素。）医学和外科实践中的应用科学被视为理所当然。我们不太可能低估特定疗法的价值。不过，在接受了这一原则之后，观察者和思考者是可能继续进入其他想法之中的。

可靠性遇见依赖性是此次演讲的主题。事情很快就会变得很明显，那就是这个主题会导致无限的复杂性，因此我们需要设置人为的边界来勾画出讨论的区域。

你马上就会看到这种讨论方式会将以自己的名义开业的医生和为社会执业的医生区分开来。

如果要我来批评医生这个职业的话，那么我应该首先声明的是，自从我五十年前取得行医执照以来，我一直都以作为这一职业中的一员而骄傲，而且除了做医生，我从来没有想过别的职业。但这并没有阻止我看到在我们的态度和面向社会的宣言中存在的明显的缺陷。我向你们保证，那些刺眼的光在我的眼中一清二楚。

或许，只有当我们是病人的时候，我们才最容易看到同事身上的那些缺陷。当我们生病并康复的时候，我们可能才能以最好的方式面对这一事实：我们知道我们到底欠了医疗和护理职业什么。

当然，我所指的并不是错误。我个人也犯过错误，我很不喜欢想起它们。在有胰岛素之前，我曾经遵循上级的指令将一位糖尿病病人完全置身于一种愚蠢而无知的尝试中。这位病人无论怎样也会死去的事实并没有让我觉得好过些。我还做过更糟糕的事。在同事中建立起某种地位之前，年轻医生还没有暴露出愚昧无知的一面，他仍是快乐的，但这些同事将会目睹他经历一系列灾难。这一切其实是在走已经被走了很多遍的老路。我们接受了会犯错这件事，并把它作为一种人类向彼此表示亲近的事实。

我希望看看，当我们做得很好而不是为懊悔积累素材的时候，你们和我开展医疗、外科治疗和护理的方式。

我能如何选择呢？对于我来说，借助我已经有的专业经验是必要的，这些经验来自我作为精神分析师和儿科医生的工作。我想表明的是，精神科治疗中的大量潜在的反馈可以被提供给医疗工作者。精神分析并不只是诠释被压抑的无意识，它更提供了一种建立信任的专业设置，只有在信任中，这样的工作才能开展起来。

我个人逐渐从一名面对孩子及其家长的精神科医生转变为一名精神分析师。精神分析（就像分析性的心理学）与一种理论有关，也与和几名自我选定并经他人选择的个人开展集中训练有关。这种训练的目的是提供一种心理疗法——该疗法可以抵达无意识,在实质上利用人们所说的"移情"……

我将阐明我和我的同事们所从事的工作中产生的某些原则。我选择了七个描述性的类别:

(1)等级。

(2)谁病了?依赖性。

(3)照顾—治疗位置对我们的影响。

(4)进一步的影响。

(5)感激或安抚。

(6)抱持、促进、个人成长。

1. 首先,关于等级。我们发现,在我们的职业中,当我们和一个男人、女人或儿童面对面的时候,我们其实只是两个地位平等的人类。等级体系被抛弃了。我可能是一名医生、护士、社会工作者、宿舍管理员,或者就这件事而论,我可以是一名精神分析师或牧师。这都没什么区别。真正有意义的是人际关系,它呈现出丰富而错综复杂的人类色彩。

在社会结构中,等级制度有一席之地,但这并不存在于我们的临床面诊中。

2. 从这里出发,只要一小步就能抵达这个问题:在这两个人当中,谁病了?有时候这只是一件与便利有关的事情。有价值的是,对疾病和生病的概念的了解会带来即刻的轻松,因为它令依赖性合法化了,而且成功地声称自己病了的那个人会以一种特殊的方式受益。"你病了"会很自然地把我移到这样一个位置上——我要对需要做出反应。也就是说,这个位置要顺应需求、关切病人,并且具有可靠性,在照顾的意义上治疗病人。医生也好,护士也罢,或者别的什么人,都会自然地移动到一种面对病人的职业位置上。这并不会带来优越感。

生病的会是二者中的哪一个呢?我们几乎可以说,对治疗位置的假设也是一种病,只不过它是硬币的另一面。我们需要病人,就像病人需要我们。德比的市长最近引用圣文森特·德·保罗①对其追随者的话说:"祈祷那些穷苦的人原谅我们帮助了他们吧!"我们也可以祈祷那些生病的人原谅我们回应了他们的疾病的需要。我们谈论的是爱,但是如果爱要通过一种专业的设置由专业人员提供的话,那么这个词的意义必须被阐明——在这个世纪,精神分析师正在做这项工作。

3. 现在我们可以来看看这个关于一个人的角色是照顾者的假设对我们自身的影响,我们照顾他人,提供照顾和治疗。我们可以关注五个主要的方面:

(1)在照顾—治疗者的角色里,我们是非道德化的。告诉一个病人,他或她很邪恶,所以才生病,并不会帮助到他或她。把人们归入某个道德类同样不会帮助一个小偷、一个有哮喘的人,或者

---

① 法国罗马天主教神父。圣文森特是所有天主教慈善团体的主保圣徒。他早年被卖到突尼斯为奴,后来逃脱。他创立了旨在乡村地区传道的传教团,并协助组织慈善修女会。1737年,他被封为圣徒。——译者注

一名精神分裂症患者。病人知道我们在那里并不是要评判他们的。

（2）我们极其诚实，讲实话。当我们不知道的时候，我们就说不知道。一个生病的人无法容忍我们对真相的恐惧。如果我们害怕真相，就该选择另外一份职业，而不是医生。

（3）我们只能以在我们的专业中工作的方式成为可靠的人。关键是，通过（以专业化的方式）成为可靠的人，我们保护我们的病人免受不可预测的事物的打击。他们中的很多人就是因为这一点遭受痛苦。作为他们人生模式的一部分，他们已经屈服于这些不可预测的事物。我们承受不起陷入这样的模式。不可预测性的背后是心理上的困扰，在其中，我们可以发现躯体功能方面的紊乱，也就是体现在身体上的无法想象的焦虑。

（4）我们接受病人的爱与恨，也被这一点影响，但是我们不会激起爱与恨，也不会希望在职业关系中获取情感上的满足（爱或者恨）——这应该在我们的私人生活里、在个人的疆域中或者当梦境呈现出各种形态时，在内在的心理现实中得到解决。（在精神分析中，这作为一个关键性的因素得到了研究，并且"移情"这个名词被用来指称在病人与分析师之间产生的特定的依赖性。涉及身体治疗和外科治疗的医生可以从精神分析中学到很多东西。举一个非常简单的例子：如果一个医生在安排好的时间里出现了，他会体验到病人对他的信任得到了非常大的强化，这不仅可以减轻病人的痛苦，而且可以促进其躯体的康复——当然，这不仅指功能，也包括身体组织方面。）

（5）我们假设，或者很容易同意这样一种假设：医生和护士不会为了残忍而残忍。残忍不可避免地会进入我们的工作，但是我们必须在职业关系之外的生活本身中去寻找沉溺于残忍的机会。在专业工作中，我们不为恶意保留任何位置。我当然可以讲出一些医生做出的残忍或带有恶意的行为，但在这里，我们不难把这种渎职行为放在其应有的位置上。

4. 我们承认疾病以及因此而来的病人的依赖性需求。为了说明这对我们的进一步影响，我们必须考虑更为错综复杂的与人格结构相关的事务。例如，一个心理健康的迹象就是，一个人有能力在想象中准确地进入对另一个人的想法和感觉以及希望和恐惧中去，并且也允许另一个人对我们做同样的事情。我想，那些照顾—治疗型的牧师和医生，通过自我选择，会很擅长做这类事情。但是驱魔师和补救—医疗不需要这么做。

有时候，能够很好地使用交叉认同可能会成为一种负担。但是无论如何，可以肯定的是，在选择医科学生的时候要评估的重要特征之一（如果可以被测试出来的话）就是我称之为交叉认同的能力——能够站在别人的位置上，也允许别人站在他的位置上。毋庸置疑，交叉认同极大地丰富了人类的体验。那些在这方面能力很差的人会发觉自己过得很无聊，对于其他人来说，他们也很无趣。此外，他们在医疗实践中无法获得远远超出技术型个体的功能，他们会造成很多痛苦而不自知。詹姆斯·鲍德温最近在英国广播公司（BBC）发表讲话时提到了基督教徒忘记提到的一种罪：不察觉之罪。在这里，我可以做一句关于幻想性交叉认同的笔记：这些真的会导致很大的混乱和破坏。

5. 接下来我会回到感激这个话题。谈这点的时候，我要引用圣文森特·德·保罗的话。感激看起来非常好，我们都喜欢意外收到病人们用以表达感谢的威士忌酒或者巧克力。然而，感激并非那么简单。如果事情顺利，患者就会认为一切理所当然，但在出现疏漏的时候（比如落在腹膜里的棉签），他们会坚持自己的原则，投诉医生。换句话说，大多数感激（当然，它们往往是夸张的）其实是一种安抚——这里有一种潜在的复仇力量，而它最好能得到抚慰。

病人躺在床上，思考着该送出什么样的大方的礼物，以及遗嘱的附件该怎么写，但是医生、护士和其他人都很高兴的是，出院以后，原本悲伤的病人很快就忘记了过往，尽管这些病人可能不会被遗忘。我想声明的一点是，医生和护士反复体验着哀悼。我们职业生涯的危险之一就是我们可能变得僵化，因为重复失去病人让我们警惕着不要喜欢上新来的病人。对于那些照顾生病宝宝的护士，以及那些接管了被遗弃在电话亭里或（像厄内斯特一样）在维多利亚火车站失物招领处手提包里被发现的婴儿的人来说，尤其如此。

在乡下通行的做法可能是解决这一问题的方法——医生和他的患者住在一起。这当然是最好的为医之道。医生和病人都会一直在那里，但这种事只是偶尔发生。

执业医生可以从专业的照顾—治疗者那里学到很多，而不是从驱魔师那里学习。

6. 有一件事尤其需要被反馈到医疗实践中去，我会以这件事收尾。那就是，照顾—治疗是抱持概念的延伸。抱持开始于子宫，然后是怀抱。丰富的抱持来自婴儿的成长过程中，他的母亲使之成为一种可能,因为她知道这个特定的、她生出来的宝宝是什么样子的。

促进性环境促成了个人成长和成熟进程的这个主题必须是对于父亲—母亲照顾的描述以及对于家庭功能的描述,这会引向整个民主制度——这一家庭促进作用的政治延伸——的建立。因为成熟的个体最终会根据他们的年龄和能力参与到政治中去,参与到政治结构的维护和重建中去。

随之而来的是人格同一性的意义。这对每个人来说都是很基本的,而且在每个个体身上,人格同一性只会在足够好的母性照料和在个体成熟的各个阶段提供了多样化抱持的环境中成为现实。成熟的过程本身并不能使一个个体成为一个人。

所以,当我在照顾—治疗的意义上谈论治疗时,我们会看到医生和护士天然地有着满足患者依赖性的倾向,但是现在,我们要从健康的角度阐明这一点:我们是从不成熟个体的天然依赖性的角度写下这些的,这种依赖性唤起了父母式的角色去提供培育个人成长倾向的条件。与照顾—治疗不同,在疗法的意义上,这不是一种治疗。而我这次演讲的主题是"照顾—治疗",它可以成为我们这个职业的座右铭。

在社会疾病方面,照顾—治疗在这个世界上可能比疗法—治疗更重要,所有的诊断和预防都是随着通常被称为科学路径的事物而来的。

在这里,我们与社会工作者的意见一致。他们的术语"生活环境调查"能够被看作一种高度复杂的对"抱持"这个词的延伸,也是一种对照顾—治疗的实践应用。

在一个专业设置里给予了恰当的专业行为后，患者可能会发现一种解决其情感生活和人际关系复杂问题的个人化的方案。我们所做的一切都是为了促进成长，而不是应用一种疗法。

要求提供照顾—治疗对于临床医生来说会不会太过分？从要求更高费用的角度来看，我们在这方面的工作似乎是失败的，并且它从根基上破坏了已经被接受的等级地位制度。然而，合适的人会很容易学会照顾—治疗，而且它会带来更多满足感（比感觉自己很聪明要多）。

我想阐明的是，在我们职业工作的照顾—治疗方面，我们发现了一种设置。这种设置的目的是应用我们在生命开端学习到的那些原则——在那个开端，作为尚未成熟的人，我们被提供了足够好的照顾，以及治疗。我们可以这么说，提前提供给我们这些（一种最佳的预防性药物）的是我们的"足够好的妈妈"和我们的父母。

当我们发现我们的工作与整个自然现象、宇宙万物，与我们希望在最好的诗歌、宗教和哲学中发现的那些相关联时，这是一件令人感到安心的事情。

第二部分
家庭

母亲对社会的贡献

对温尼科特医生出版于1957年的首部广播演讲集的补编，该演讲集以《孩子和家庭》为题。

我觉得每个人都有一种最重要的兴趣，那是一种对某件事物的深层推动力。如果一个人的生命足够长，以至于可以回头看看，那么他会分辨出一种急迫的、要去整合他私人生活和职业生涯全部活动的倾向。

对于我而言，我已经能够看到、找到、欣赏并理解普通的好母亲的迫切需要在我的工作中扮演了一个多么重要的角色。我知道，父亲也同样重要，而且我对于母性的兴趣确实也包括对于父亲的兴趣及父亲在儿童照料中所起的关键作用的兴趣。但是对我来说，我如此深切地需要对话的对象一直以来都是那些母亲。

在我看来，人类社会似乎丢失了什么。孩子会长大，会成为父亲母亲，但是在总体上，他们并没有长大到足以了解和承认在开始的时候他们的母亲为他们做了什么。原因是母亲的作用只在近些年才开始被人们意识到。但是在这里，我必须把一些事情讲清楚，有一些事并不是我要表达的意思。

我并不是说孩子们应该感谢他们的母亲孕育了他们。当然，他们可能会希望最初的相遇是一种双方的快乐和满足。父母当然也不能盼着因为一个孩子的存在而收获感谢。婴儿不是自己要求出生的。

还有其他一些事不是我想表达的。例如，我的意思并不是由于父母亲合作建立了这个家并共同处理各种家庭事务，孩子就对他们负有任何义务，即使最终孩子可能会生出一种感激之情。通常，好的父母确实会建立一个家，并始终在一起，以提供照顾孩子所需的基本品，他们还会维持一种设置，在其中每个孩子都能够逐渐地发现自己和世界，以及二者之间的一种可行的关系。但是父母并不想要为此得到孩子的感激；他们得到了回报，比起被感谢，他们更愿意看到顺利长大的孩子自己也成为父母和建立家庭的人。反过来说也是可以的。男孩和女孩能够正当地责备父母，如果父母给予了他们生命，却没有在生命之初为他们提供他们应得的照顾的话。

在这个世纪的后一半时间里，人们对于家的价值的意识程度得到了很大的提升。（如果这种意识首先来自一种对于糟糕家庭影响的理解，对事情是没有什么帮助的。）关于为什么这项长期而艰巨的任务——父母照看着他们的孩子长大——是一件值得做的工作，我们已经了解到了一些；而且，事实上，我们相信它为社会提供了唯一现实的基础，它是一个国家社会制度中的民主倾向的唯一制造厂。

但是家是父母而不是孩子的责任。我在此非常明确地说，我并不想让任何人表达感激。我既不会将我的关注追溯到远至受孕这件事,也不会将其向前推到建立家庭这件事。我关心的是母亲与婴儿在婴儿即将出生时以及出生后头几周和头几个月内的关系。我试图让大家关注的是,一个普通的好母亲,在她丈夫的支持下,在她孩子的生命最开始的时候对于这个个体和社会所做出的巨大的贡献(她的做法很简单)就是全然专注于她的宝宝。

是不是因为专注的母亲所做出的贡献太大,所以才没有被人们确切地认识到?如果这种贡献被接受了,那么它带来的结果就是,每一个心智健全的男人或女人,每一个有着作为一个存在于世界上的人的感觉的男人或女人(对他们来说,世界意味着一些什么),每一个快乐的人,都欠着一个女人无尽的债务。当这个人还是一个婴儿(男性或女性)的时候,他对依赖性一无所知,但绝对的依赖性是存在的。

我要再次强调,这种认可到来的时候,其结果不会是感激,也不会是赞扬。它的结果是我们身上的某种恐惧减少了。依赖性是每个个体在最初发展阶段的一种历史事实。如果我们的社会没有及时承认这种依赖性,就一定会留下一种以恐惧为基础的障碍,不仅阻碍进步,也阻碍退行。如果没有真正认可母亲的作用,就一定会残留着一种对于依赖性的模糊的恐惧。这种恐惧有时候会以对女性或者某个女人的恐惧的形式出现,其他时候会以一些不那么容易辨认的形式出现,如被统治的恐惧。

很不幸的是,对于被统治的恐惧并不会让人们避免被统治;相反,这会吸引他们走向某种特定的或选定的统治。实际上,如果对独裁者的心理进行研究，我们就会发现，他处于自己个人的斗争里，他一直在试图控制那个他在无意识中恐惧被其统治的女人，他试图通过将她划入自己的范围之内、为她做事并反过来要求其完全臣服和"爱"的方式来控制她。

很多社会历史学的学生都认为对女性的恐惧强有力地导致了群体中一些看起来没有逻辑的人类行为，但是这种恐惧很少被追踪到根源上。如果在每个个体的历史里究其源头，这种对女性的恐惧其实是对承认依赖性这一事实的恐惧。因此我们有一些很好的社会方面的理由去激发更多对极早期母婴关系的研究。

就我自己而言，我碰巧被这件事吸引了，我想要尽我所能地发现与"献身"这个词的含义有关的一切事情，如果可能的话，我还希望能够充分了解自己的母亲并给予她充分的承认。在这里，一个男人所处的位置比一个女人更难——他显然无法通过在某个时候反过来也成为一名母亲的方式来与他的母亲达成和解。他别无选择，只能尽可能地靠近关于母亲成就的意识。母性——作为他人格中的一种特质——的发展并没有走得足够远，而且男人身上的女性气质也被证明是偏离正题的。

被这个问题所困扰的男人有一种解决方案，就是参加一项关于母亲的作用——特别是她在生命开始阶段的作用——的客观研究。

当下，母亲在人生起点时的重要性常常被否认，取而代之的是这样一种说法：婴儿在最早的那几个月里只需要一种技术性的身体照顾，因此一个好的护士就能做得和母亲一样好。我们甚至发现有些母亲（我希望在这个国家不是）被告知她们必须做好她们宝宝的母亲，这是一种最极端的否认，否认了"做母亲"是自然而然地由成为母亲发展而来的。经常出现的情况是，在对某种事情达成理解之前，会有一个否认、无视或故意无视的阶段，就好像在异乎寻常的波浪打上来之前，海水会从沙滩上退去。

家中的整洁，卫生的准则，一种值得称赞的对促进身体健康的迫切愿望，以及其他一些事情会成为母亲和她的宝宝之间的阻碍。母亲们自己不大可能起义，去同心协力地抗议干扰。必须有人为刚有第一个和第二个孩子的年轻母亲采取行动——这些母亲自身必然处于一种依赖的状态。我们可以设想，尽管存在很多挫败感，没有刚刚生了宝宝的母亲会为了反抗医生和护士而闹罢工，因为她的生活被其他事占满了。

在我的广播演讲中，尽管很多都是面向母亲的，但这些演讲主要涉及的那些年轻母亲却不大可能读到这些文章。我并不期望改变这一点。我不能假设年轻的母亲想知道当她们发现自己很享受在意她们宝宝的时候，她们所做的一切意味着什么。她们唯恐那些指导会破坏她们享受其中的状态，破坏她们创造性的体验，而这正是带来满足感和成长的基本要素。一位年轻的母亲需要保护和信息，她最需要医学的地方是在身体护理方面，以及防止可避免的意外事故方面。她需要的是那些她认识并了解的医生和护士，她对他们必须有信心。她还需要丈夫的关注，以及令人满意的性体验。不，一位年轻的母亲通常并不是书本的学习者。不过，在准备广播稿时，我一直遵循着直接与年轻母亲对话的形式，因为这提供了一种自律。一个专注于人性的作者需要不断地被吸引到简单的语言上来，远离心理学家的行话——这些专业语言可能只在对科学期刊的贡献方面是有价值的。

　　有些人大概已经经历了做母亲的体验，因此可以承受得起手边常常有一本书，她们有兴趣读一读用这种方式表达的文字，并且她们可能能够帮忙去做当下非常需要做的一件事——向普通的好母亲提供道义上的支持（无论她们是否受过教育，是否聪明，是富有还是贫穷），保护她们，不让任何人或任何事挡在她们和宝宝之间。我们要联合起来，去促使母亲和她的新生宝宝之间的情感关系得以自然地开始和发展。这项集体的任务是父亲的工作的延伸，特别是最开始时父亲的工作，那时，他的妻子抱着他的孩子，负担着喂养他的孩子的任务，而在这个时期，宝宝还没有开始以其他方式用到他。

家庭群体中的儿童

1966年7月26日，在牛津新学院举办的幼儿园协会关于"初等教育发展"的会议上的演讲。

近来，人们写了大量以儿童和家庭为主题的文章，我们很难知道如何用一种普通的方式来为这个宏大的主题做出贡献。我们一定会有这样一种感觉，那就是所有事情都被说到了，我们几乎可以宣称，仅仅因为反复被用到，这个题目就已经变得没有什么意义了。不过，最近在这方面出现了一些新鲜的事物，方针上的重点发生了改变——现在，重点被放在了家庭而非个人层面。人们有了某种改变社会工作模式的计划——以家庭为对象，而孩子被作为家庭的一部分来看待。

我的观点是，这根本不算是改变，因为儿童一向是在与家庭的关系中或与家庭缺失的关系中被研究的。但是无论如何，我们可以试着去利用任何可以减轻乏味感的事物。我确实认为，如果我们去看精神分析的贡献，那么我们可以说，精神分析师在儿童治疗中的重点一向是不平衡的。精神分析一直都是通过长期的讨论，把一个孩子作为一种被孤立看待的现象进行治疗。对此，人们无能为力。然而，在这里，在精神分析的圈子里出现了一种变化，这种变化是通过理念的发展而产生的。不过最近在方针上的变化并不是针对精神分析师的。它针对的是总体的社会工作，而我会说，社会工作始终都将儿童放在其家庭中去考察。

在我的意识中，现在存在一种危险，就是人们过于强调从家庭和其他群体的角度管理人类遇到的困难，而这是一种对个体研究的逃避，不论这个个体是婴儿、儿童、青少年还是成年人。在每个个案所涉及的工作的某个点上，个案工作者必须要在团体之外与每个个体见面——此处存在最大的困难，也最有发生变化的潜质。

因此，我以一项请求作为开始：请记住这个儿童个体，记住这个孩子的发展过程，这个孩子的悲苦，这个孩子对于个人帮助的需要，这个孩子利用个人帮助的能力。当然，与此同时，我们也要记住家庭和各种学校群体以及其他群体的重要性，它们通往我们称之为社会的那个事物。

在任何一个个案工作中，我们都必须做一个关于谁是这个个案里的病人的决定。有时候，尽管是那个孩子被作为有病的那个人提了出来，实际上是其他人导致和维持了这种失调，或者甚至在这场麻烦中存在某种社会因素。这些属于特殊个案，社会工作者们充分认识到了这个问题，可是这个问题不应该让他们对这样一个事实视而不见，那就是在大多数个案中，当一个孩子表现出症状的时候，这些症状指向的是这个孩子身上的苦痛，而应对这种苦痛的最佳方式是与这个孩子一起工作。

我想提醒你们，在社会上存在的各式各样的个案中，这一点是尤其真实的。但是这些个案并不会去儿童指导诊所——在这类诊所中被处理的都是远没有那么常见的、更复杂的个案。换句话说，如果你看看周围那些你所认识的在你的家庭和社会设置中的孩子，你就会看到大部分孩子只要一点额外的帮助就可以了，他们根本不需要去诊所。我想说的是，我们可以尽可能地帮助这些孩子，他们需要被关注。那些诊所里的孩子并不是在社会中需要帮助的孩子的代表。我很自信地对这里的听众这么说，是因为你们都是老师，你们教的那些孩子中的大多数都不是诊所个案。他们是普通的孩子，更像那些属于你们的社会群体中的孩子。实际上，无论昨天、今天还是明天，没有一个孩子会在一些个人问题方面不需要帮助。你们在学校里处理这些问题的方式经常是忽视它们，或是使用经过仔细分级的纪律，或是教给这个孩子一项技能，或是为创造性冲动提供机会。我们必须承认的是，总体上，你们对心理学的观点一定与社会工作者和儿童精神分析师的观点是不同的。

你们会了解到，一定存在某种重叠——在你们面对的孩子中，有一些应该去诊所，而有些诊所里的孩子在应对他们的困难时则应该借助他们的叔叔阿姨和学校老师的帮助以及其他类型的普遍由社会提供的帮助。

与个体有关的群体

为了充分利用你们给予我的这次机会，我想做的事情就是在一些细节上提醒你们，家庭如何成为一种与个体人格结构有关的群体。家庭是最早出现的一种组合，在所有组合中，只有家庭最接近单元人格。最初出现的组合仅仅是对单位结构的复制。当我们说家庭是最初的组合时，我们非常自然地是从个体成长的角度去谈论的，使这一点合理化的是以下这个事实：单纯的时间流逝与人类生活的关联，在力量上根本无法与属于这样一个事实的关联相比——在一个特定的时间点上，每个人都会开始并通过一种成长过程将一部分时间区域变得个人化。

孩子开始同母亲分离，并且在母亲能够被客观看待之前，她或许可以被称为一个主观客体。从将母亲作为主观客体也就是自己的一方面去使用，到母亲成为一个有别于自己的客体并因此处于全能控制之外，孩子不得不体验到的是一种像被猛地拉了一下的感觉。母亲在使自己适应孩子的需要方面履行着一个极其重要的任务，因此她会将这可怕的一拉变得模糊，这就是我之前所说的满足现实原则方面的内容。母亲的形象被复制了。

在有些文化里，人们会故意做出一些努力来防止母亲变为一个人，以此来确保孩子从一开始就不会经历和丧失有关的打击。在我们的文化里，我们倾向于认为，当母亲变成一个有适应性的外部世界的人的时候，让孩子充分体会到冲击是正常的，但是我们也必须承认，这是有伤害的。当这件事发生在一个母亲身上时，会产生一种丰富的体验，这也是支持这件事的主要论点。这个领域的人类学家为研究工作者观察早期有意地将母亲的角色分割开的结果提供了引人入胜的素材。这种现象是由社会决定的。

父亲的介入有两种方式。在某种程度上，他是那些复制了母亲形象的人之一，并且在二十世纪后五十年当中，风向发生了变化，比起几十年前，父亲在复制母亲形象时，在孩子们的眼中变得更真实了。不过，这妨碍了关于父亲的另一件事——他作为母亲强硬、严格、不留情面、不妥协、不可破坏的那个方面进入孩子的生活，而在有利的环境下，他会慢慢地成为这样一个男人，他最终也是个凡人，会让人害怕和痛恨，也会令人深爱和尊敬。

一个群体以这样的方式发展了起来，我们必须要看到群体的产生有两套方式。一套属于儿童人格结构的延伸，有赖于成长进程。另一套要依靠母亲以及她对这个特定孩子的态度，依靠另外一个可能被作为母亲角色的人，依靠母亲对于代理母亲的态度，依靠当地社会的态度，还要依靠我已经描述过的父亲角色的两个方面之间的平衡。父亲天然的形象在很大程度上决定了孩子在这个特定的家庭构成中会以怎样的方式利用或不利用他的父亲。当然，在任何情况下，父亲都可能是缺席的，也可能十分引人注目。这些细节会对我们正在讨论的这个特定孩子心目中"家庭"一词的含义造成巨大的差别。

顺便一提，我知道有这么一个孩子，她把"家庭"这个名字送给了她的过渡性客体。在这个案例中，对亲子关系不足这一点的认识出现得非常早。在一个早到令人目瞪口呆的时间，这个孩子尝试着去补救她觉察到的缺乏，方式是把她的娃娃称为"家庭"。这是我所知道的唯一一个发生了这种事情的例子，现在，三十年过去了，这个人仍然在与无法接受父母之间的不和做斗争。

截至现在，我希望我已经成功地提醒了你们，当我们简单地讨论一个孩子和他或她的家庭时，我们忽视了那些让这个孩子收获一个家庭的微妙阶段。并不是简单地有一个父亲，一个母亲，新的孩子诞生了，就会有一个家。父母和孩子，加上姑、姨、叔、舅和表亲们会让这个家越来越丰富。这只是一个观察者的陈述。对于一个家庭中的五个孩子来说，存在着五个家庭。即使不是精神分析师，我们也能看到，这五个家庭不需要彼此相像，而且肯定是不一样的。

现实原则

既然我已经介绍了关于家庭的观点，以及主观客体变为一个被客观觉察到的事物的概念，我想继续谈谈这个领域的研究。在人类的发展中，在这两种类型的关系之间，有一个大到令人惊讶的变化。我个人一直在试图做出一点贡献，方式是让我们对于过渡性客体和过渡性现象的观察发挥最大价值。过渡性客体包括：当一个儿童正在度过这个客观性觉察能力还很有限的阶段时，他或她所利用的所有物品。在这里，与客体相关联的主要体验必然与主观客体相关。（顺便一提，在这里，不可能使用"内部客体"这个词。这个我们能看到的客体是外部的，它被主观地觉察到了，也就是说，它来自这个孩子的创造性冲动和头脑。当这个孩子有了内部世界，将从外在察觉到的客体吸收进来，把它们树立为内部形象的时候，这是一种更为复杂的情况。我们正在讨论的是在这种描述有意义之前的一个阶段。）

在这种类型的描述中，有一种困难已经自己浮现了出来，那就是，当一个处于这个阶段的小孩和我称之为主观性客体的事物发生关联时，毫无疑问，客观性的觉察也在发挥作用。换句话说，这个孩子不能虚构出他妈妈的左耳看起来到底是什么样子的。不过在这个阶段，我们必须说这个孩子手里正在玩的妈妈的左耳是一个主观客体——这个孩子伸出手，创造了那只特定的耳朵，它恰巧就在那里被他发现了。这就是剧场里的幕布令人兴奋的地方。当大幕升起，我们每个人都会创造出即将上演的这部戏剧，演出之后，我们可能会发现，在我们每个人所创造出的内容里相互重叠的部分成为大家关于这部戏剧的谈资。

如果不说明在这里的某处存在一种具有欺骗性的因素，我将不知道该如何继续深入这个话题。在一个人与客观事物发生联系的能力的发展过程中，欺骗是天然存在的。我正面对着你们读这篇论文，你们是我创造出来的听众。但是必须承认的是，在写这篇文章的时候，在某种程度上，我已经想到了听众，而事实是听众现在就在这里。我会认为，这些此时此地的听众能够在某种程度上与我写这篇文章时曾经在我脑海中的听众汇合在一起，但是我们无法保证这两种听众一定彼此相关。在写这篇文章时，我必须做游戏，我在一个我称之为过渡性的区域里游戏，在这个区域里，我假装我的听众就是此时此地的你们。

我有时候用"过渡性现象"这个名词来指称这个我正在讨论的阶段，它在每个儿童的发展中都是很重要的。在一个"平均可预期的环境"①中，我们需要给孩子时间，这样，这个孩子才能得到

---

① 这个说法是从海茵斯·哈特曼那里借来的（参见H.哈特曼，《自我心理学和顺应存在的问题》，1939年）。

某个人的帮助——当这个孩子处于获得利用他的幻想、内部现实、梦境以及操纵玩具的能力这个过程中的时候，这个人以一种极其敏感的方式适应了这个孩子。在游戏中，这个孩子进入了这个被我称为欺骗的中间地带。尽管我想表达的是，在欺骗这个特定的方面，我们看到的是健康。这个孩子使用了这样一种在他或她自己和母亲或父亲（无论是谁）之间的位置，于是，无论发生了什么，都是对于这两个分开的事物的整合或分离的象征。这是一个颇为困难的概念，我想，如果这一点被领悟了，那么哲学将有所不同。它可能还会让那些实际上已经从神迹概念中成长起来的人再次体验宗教。

对于我们来说，重要的是，儿童需要一段时间，在这段时间里，稳定的人际关系可以被用来发展过渡性现象和玩耍现象的中间区域。这个特定的孩子创建了这个区域，这样，他就可以享用从符号的使用中得到的一切，因为整合的符号比整合本身给人类带来了更广阔的体验空间。

远离与回归

我要重复的一点是，在健康的发展中，儿童需要时间来充分利用这个阶段，并且我要在这里补充的是，儿童需要能够在同一天甚至同一时刻去体验各种不同类型的与客体的关系。例如，你可以看到一个孩子很享受他和他的阿姨的关系，或者你看到他很享受和一只小狗、一只蝴蝶的关系。你可能会看到，这个孩子不仅在进行客观的觉知，也在享受来自发现的丰沛。不过，这并不意味着这个孩子已经准备好生活在一个被发现了的世界里了。在任何一个时间点上，这个孩子都会和小床、妈妈或者熟悉的气味再次融合，并且被再次安置在一个主观环境里。我试图说明的是，不是其他任何事物，而是这个孩子的家庭模式为他提供了这些过去的痕迹。于是，当这个孩子发现了世界时，他也发现了回去的路，而且具有重要意义的正是这段回程。如果返回的是这个孩子自己的家庭，那么这个回程就不会给任何人带来压力，因为家庭的基本要义就包括它要始终面向自身，面向其中的每一名成员。

虽然这些论点不需要例证，我还是想从案例中挑一个事例来讲一讲。

一名女性患者总结了她的童年所积累的创伤。她用一种病人们经常使用的方法去和一个事件发生关联。她用自己的语言展现了时间因素的重要性。"那时我大概两岁。全家人都在海滩上。我从母亲身边走开了，我开始发现身边五彩斑斓的事物。我看见了贝壳。跟着一个贝壳，我又找到了另一个贝壳，简直无穷无尽。突然，我觉得自己被吓坏了。我能看到正在发生的事情是，我对发现这个世界产生了兴趣，但我把母亲忘了。这会带来一个念头，正如我现在看到的一样——母亲也忘了我。所以我赶紧转身跑回她身边，其实我离她可能只有几米远。母亲抱起了我，这开始了我和她的关系的重建过程。当时的我看起来可能对她还没什么兴趣，因为实际上我需要一些时间才能感觉到关系被重建，这样，恐慌的感觉才能消散。可是母亲突然就把我放下了。"

这个病人正处于分析之中，在重新演绎这一幕。通过那些已经完成的分析工作,她可以补充说:"现在我知道到底发生了什么。直到现在,我都在等待到达下一个阶段——因为如果母亲没把我放下,我就会用胳膊搂住她的脖子,然后大哭一场,因为欢乐和幸福而大哭。但就像已经发生的那样,我从来都没有找回我的母亲。"

通过这个案例,我们会理解,这个病人指的是这类情形的一种模式,这种模式基于对类似情形的叠加的记忆。这个例子的意义在于,它展示出,当一切顺利的时候,一个孩子对于回程的信心是如何以一种非常微妙的方式被建立起来的。理查德·丘奇曾在其三卷自传(特别是最后一卷)中提到过这个主题。

通过观察一个两岁的孩子,我们很容易看到远离和回归的并存。这种远离和回归非常重要并且带着一点风险,因为如果失败了,这将改变这个孩子的一生。家庭里的每个成员都有不同的角色要扮演,这个孩子会使用这些角色去延伸自己的体验,从而在远离和回归的质量方面覆盖一个广阔的领域。

这样一来,经常会发生的事情就是,一个孩子在学校和在家的表现非常不一样。更常见的模式是,一个孩子在学校里对于发现新事物、觉察到现实的新方面而感到很兴奋,但是在家里,这个孩子是保守的、后退的、依赖的、近乎恐慌的,因为他被母亲或其他很亲近的人敏锐地保护着而免遭适应性的危机。事情也可以是反过来的。但是当这个孩子在学校里的某个人面前或某种设置方面充满了信心,回到家却变得敏感急躁、缺乏信心、过于早熟地独立时,这可能是不那么正常的,并且因此会带来一些困难。这往往是因为这个孩子在家庭中没有立足之地，例如当第二个孩子成为三个孩子里的中间的一个时，他或她在所有方面都面临着丧失，直到有人注意到这个孩子的脾气秉性发生了变化。而且，即使是在一个良好的家庭里，他也是一个被剥夺了的孩子。

忠诚和不忠

我想进一步展开讨论家庭主题与发展中的个体这一主题的相关之处。它有很多侧面，在众多侧面之中，我想选择性地谈一谈忠诚的冲突，这天然地存在于儿童发展之中。

从最简单的方面来看，这个问题可以以这样的方式得到阐述：一个孩子从母亲身边走开去找父亲，之后又回到母亲身边，而另一个孩子从来没有这样的体验，这两个孩子之间有非常大的差别。

用更复杂的语言来说就是，孩子在早期阶段并没有配备相应的能力去容纳自身内部的冲突。而这种能力正是我们对社会工作者的要求。我们知道一个成熟的成年人开展个案工作并在一段时间内容纳一个个案固有的冲突时，会承受怎样的压力。个案工作者会把对个案的接纳看得比该个案的任何具体行动都重要。

我们一定能想到，不成熟的孩子需要这样一种情形——人们并不期待他一定要忠诚。在家庭中，我们有希望找到这种对疑似不忠的宽容——如果它不单是成长过程的一部分的话。

一个孩子向父亲移动，通过这样的行为，他发展出了一种对母亲的态度，这种态度来自他与父亲的关系。不仅母亲能够在父亲的位置上被客观地看到，这个孩子也会发展出一种与父亲的关系

（爱），而这会涉及对母亲的恨与恐惧。从这个位置回到母亲那里是危险的。然而，孩子会渐渐回到母亲那里，并且在这个熟悉的位置上客观地看到父亲，这时，这个孩子的感觉会包含恨与恐惧。

作为这个孩子在日常家庭生活中的体验，这种情况会持续发生。当然，这种体验不一定只存在于与父母的关系中，也可以是从母亲到护士（或姨妈、祖母、大姐姐）那里再回来的体验。渐渐地，在这个家庭中，所有可能性都被实现并经历过了，接下来，这个孩子就能够和与此相联系的恐惧和平共处了。不仅如此，假如这些冲突能够被接纳，这个孩子还能享受它们所带来的兴奋。在这些游戏当中，一个家庭中的孩子引入了这类关于不忠诚的实验所产生的张力和压力，甚至包括被察觉到的存在于这个环境里的大人们之间的紧张和嫉妒。在某种意义上，这是一个从理论化的角度描述家庭生活的好方法。或许孩子对于扮演父母的巨大兴趣来自对不忠诚的实验经历的渐进式扩大。

有时候我们能看到这些游戏的重要性。当一个较晚出生的孩子来到一个家庭里并显然无法利用哥哥姐姐的游戏的时候——这些游戏已经发展得比较复杂了，对于哥哥姐姐们来说已经有段历史了——这个孩子就可能以一种机械化的方式卷入，并感觉到被这种卷入严重地排除或湮灭了。因为这种卷入并不是创造性的，而这个新来的孩子需要重新开始并从最简单的开端建立起复杂的交叉忠诚。

我知道在这个家庭游戏中出现的那些感受无疑有着积极的、力比多的特征，但是朝向兴奋的内容在非常大的程度上是和交叉忠诚这件事相关联的。从这个角度来看，家庭游戏是一种非常好的对生活的准备。

我们会看到，学校很容易为生活在家里的孩子提供巨大的解脱。对大多数时间都在玩耍的小孩子而言，学校里的游戏并不基础，很快，孩子们就会越过这些，进入可以发展技巧的游戏中去。这时就会出现群体纪律。这是一种简化，一些孩子喜欢这种简化，而对另一些孩子来说，这是令人厌烦的。如果学校为这些生活在家庭中的孩子提供的家庭游戏的简化发生得太早，那么无论如何，对于那些能够忍受家庭游戏，其家庭也扛得住孩子是游戏的玩家这一事实的孩子而言，它一定会被看作贫乏的。

相对地，我们能看到，独生子或者孤独的孩子从较早地进入一个游戏群体开始就可以得到一切。在这个群体里，在某种程度上，不管怎样，游戏中会有人际关系和交叉忠诚，这些对于这个孩子而言是有创造性的。

从上面所说的这些出发，就会知道为什么在关于孩子们到底应该在多大年纪去上学的这个问题上，我们永远不会有一个令人满意的答案。如果想提出好的建议，就必须在每一个新的案例里，对这些微妙的事情当中的每一个方面都进行重新审视，这也意味着任何一个社区都应该提供所有类型的设施和条件。有疑问的时候，一个孩子的家庭是能够实现其最丰富的体验的地方。但我们也必须留意，有的孩子因为某种原因，直到每天在家外度过几个小时之后，才能在想象性的游戏里变得有创造性。

小学教育属于这样一个区域，在其中，孩子会相当愿意将自己的注意力从解决生活给予的复杂性那里移至别处，方式是学习、选择某种特定的忠诚以及接受规则和标准，包括校服。有时，这些条件一直存在并贯穿整个青春期，但是若孩子们真的允许这样的事情发生，我们其实并不开心，无论从老师的角度来看这会多么便利。我们期待的是，在每一个男孩和女孩的青春期里，能再次看到创造性地出现在家庭游戏中的那些实验和交叉忠诚，只是这一次，兴奋不仅来自被激起的恐惧，也来自新的、强烈的力比多体验，这种体验是青春期的到来所释放出来的。

当然了，家庭对于青春期的男孩和女孩而言有巨大的价值，尤其因为他们当中的每一个人，即使处于健康状态，也会在大部分时间里感到很害怕——强烈的爱会自动引发强烈的恨。只有在家庭框架得以持续的地方，那些青少年才能够扮演父母亲，而这正是他们在2—5岁的时候，在家里进行的那些想象性游戏的实质内容。

在我看来，家庭似乎经常被看作一种由父母负责维持的结构，一种孩子们在其中生活和成长的框架。我们会认为家庭是这样一个地方——孩子们在其中发现爱与恨的感受，知道自己会得到同情和宽容，也知道他们会激起大人的恼怒。但是我一直在说的与我的这种感觉有关：在应对不忠诚这件事上，每个孩子在家庭功能中所扮演的角色在某种程度上被低估了。家庭会把我们引向各种各样的群体，我们所面对的群体规模也会越来越大，最终，我们面向的是当地社区和整个社会。

孩子们最终要像成年人一样生活在这个世界上。现实就是，每一份忠诚都涉及某种相反的性质，这种性质或许可以被称为不忠诚。在成长的过程中有机会接触所有事情的孩子将处于一个最佳位置——可以在这个世界拥有一席之地。

最终，如果他回来了，他就会看到，这些我所谓的"不忠诚"是生存的一个本质特征，它们起源于这样一个事实：一个人成为他自己，也就是对任何一种不是他自己的事物的不忠诚。在"我是谁"的声明里，我们会找到这个世界上的语言当中最富有攻击性也最危险的词语。然而，我们不得不承认，只有那些已经到达了这样一个阶段，能够做出这样的声明的人，才是真正有资格成为社会上的成年成员的人。

儿童学习

1968年6月5日,温尼科特在金斯伍德继续教育学院举办的由基督教团队教育学会赞助的一个关于家庭福音主义的会议上宣读的论文。

    我是作为一个人、一个儿科医生、一个儿童精神病医生和一个精神分析师来参加此次会议并做演讲的。如果我回头看看过去的四十年,我就能够看到一种态度的变化。四十年前,从事宗教教学的人还不大可能认为一名精神分析师能做出什么积极贡献。你们知道,我希望我并不是作为一名宗教教师,甚至不是作为一名基督徒被邀请到这里的,我希望我的身份是一个在有限领域里有着长期经验的人,一个非常关心人类在成长、生存和成就方面的问题的人。你们的主席说,我在儿童行为方面比任何人知道得都多。他是在一本书的封底上看到这个的!你们大概希望我不仅了解表面现象,或者不仅了解那些处于整个人格结构最上端的行为。在这里,"实现"这个词出现了。有一些人,他们研究儿童行为,却忽视了无意识动机以及行为与人的内在冲突的关系,并因此彻底失去了与教习宗教的人的接触——我想这是你们的主席所说的意思，也就是我是一个对在家庭和社会设置下的发展中的人感兴趣的人。

从小我是作为卫理公会派教徒被养育大的，而我恰恰是在教堂宗教活动之外成长起来的，我一直都很高兴我接受的宗教教育允许我在其之外成长。我知道我正在和一些开明的听众讲话，对于你们来说，宗教不止意味着每个礼拜天去教堂。或许我可以说，在我看来，通常被我们称作宗教的这一事物源于人性，而有些人认为人性是从野蛮中被人性之外的天启拯救出来的。

一旦我们决定考察精神分析是否可以对宗教教学、甚至对宗教活动做出积极贡献，那么就会有很多具有重大意义的事情值得我们一起讨论。在这个密闭、客观观察的年代，你还需要奇迹吗？你还需要沉迷于关于来世的理念吗？你还需要把神话植入二等公民的想法中吗？你还需要继续通过反复灌输道德观来掠夺孩子、青少年或成年人天生的善良吗？

我必须专注于一个主题，以便把演讲控制在一个小时之内，同时也限制在我有限的专业经验范围内。我想我今天受到邀请来到这里，可能是因为我曾经说过的一些话，这些话是关于一个孩子信仰某事的能力的。这使得"把什么放在阶段的末尾"这一整体问题成了一个开放式问题。我正在做的事情是把生活体验与教育分开。在教育里，你能够把一些信仰传递给孩子——这些信仰对你来说是有意义的，属于一个小型的文化和宗教区域，这个区域恰好是你的出生地，或者是被选择作为你出生地的区域，但是只有当这个孩子有能力去信仰某事的时候，你才能成功。这种能力的发展不是一件关于教育的事，除非你把教育这个词的含义延伸到它通常并不包含的一些意义上。它是一件关于体验的事。这种体验是发展中的婴儿或孩子作为一个人的体验，也是关于养育和照料的体验。在我们的讨论中，母亲出现了，可能也包括父亲和其他生活在孩子身边的人——但是首要的还是母亲。

你会看到，对我来说，这件事永远都是关于成长和发展的。我从来不会单独地考察一个人此时此刻的状态，而会将这个人放在和环境的关系里以及和其个体成长的关系里去看。这里所说的成长是从受孕开始的，当然也是从出生日前后的那段时间开始的。

每个婴儿在其出生时都带着一些天生的倾向，这些倾向强烈地驱使他在一个成长进程里行进。这些倾向包括朝向人格整合的倾向、朝向人格在身心上都取得完整的倾向以及朝向与客体产生关联的倾向。当这个孩子长大并理解了其他人的存在时，与客体的关联会逐渐成为一种人际关系事务。所有这些都来自这个男孩或女孩的内在。然而，如果没有一个促进性的环境，那么这些成长进程是无法发生的，尤其在一开始，存在着一种几乎绝对化的依赖性。一个促进性的环境必须具备人性的质地，而不是完美得如机械一般，因此，"足够好的妈妈"这个词语在我看来好像可以满足一种描述性的需要——如果天然的成长进程能够在一个儿童个体的发展中成为现实的话，这个孩子都需要些什么。之所以刚开始会出现那些进步是因为个体天性存在那些生机勃勃的、固有的朝向发展的倾向——朝向整合和成长的倾向，这些倾向让这个孩子在某一天想走路或做其他事情。如果人们提供了足够好的环境，这些事情都会在孩子身上发生。但是如果促进性的环境不够好,那么生命线就会被打断,那些非常有力的、天然的倾向就不能把这个孩子带向个人实现和成就。

一个足够好的妈妈开始的时候就有一种对于婴儿需求的高度适应性,这就是"足够好"这个表述的含义,这是一种母亲们通常都会拥有的巨大能力,她们能够把自己交付出去,去认同她们的宝宝。在孕期接近尾声时,以及在一个孩子的生命开始之时,她们如此认同宝宝,以至于她们真的会知道宝宝的感受,并且因此能够调整她们自己,以满足宝宝的需求。然后这个宝宝就处于这样一个位置——他能够实现成长的发展连续性,而这正是健康的起点。母亲正在奠定婴儿精神健康(不只是健康,其他事物也是如此,比如成就和丰盛)的基础,与此同时,这些所带来的危险与冲突、来自成长和发展的尴尬不安也存在其中。

因此,母亲和父亲(尽管在最开始的时候,父亲和婴儿并没有像母亲和婴儿那样的身体关系)有了不带怨恨地认同婴儿的能力,并且可以适应婴儿的需要。在过去的几千年里,世界上大多数婴儿都在最初得到了足够好的母亲的照料,否则这个世界上的疯子就该比心智正常的人多了,但事实并非如此。对有些女人来说,一个女人对宝宝的认同会呈现一种威胁——她们想要知道她们是否还能够拿回自身的个体性,因为这种焦虑,有些人在孩子出生之时会发现很难把自己交付给这种极端的调适。

很明显,母亲式的人物会满足婴儿的本能需求,但是亲子关系的这一面在精神分析著述的最初五十年里被过分强调了。精神分析界花了很长时间——关于儿童发展的想法一直受到过去大约六十年中的精神分析思维的强烈影响——去考察（举例来说）抱婴儿的方法的重要性；当你想到这件事的时候，它的重要性也确实首当其冲。你可以画一幅漫画，某人抽着烟，把孩子放在腿上，然后突然转过身把孩子放在澡盆里，不管怎么样你都能知道这可不是宝宝需要的。这里涉及很多微妙的事。我观察过几千位母亲，也与她们交谈过，你能看到她们是怎样支撑着宝宝的头和身体把他们抱起来的。当你抱着一个宝宝时，他的身体和头都在你的手里，如果你没有把它们作为一个整体来考虑，而松手去够一块手绢或别的什么东西，宝宝的头就会一下子向后仰过去，他的头和身体就会变成两个部分，他会立刻大哭，并且永远也忘不了这种感觉。糟糕之处就在于没有什么会被遗忘。之后，当这个孩子开始四处转悠的时候，就会缺乏自信。我想我们这样说是对的，那就是当一切顺利时，婴幼儿不会记得什么，但当事情出错的时候，他们会记得，因为他们会记住突然之间，他们的脖子向后一仰，他们生命的连续性"啪"的一声断了。经过所有防御，他们对此做出了反应，这是发生在他们身上的一件极其痛苦的事情，他们永远也摆脱不掉。到了可以四处移动的时候，他们一定也会带着这种记忆，并且如果这成为他们所接受的照料中的一种模式，他们就会对环境缺乏信心。

如果一切正常，那么他们永远也不会说"谢谢你"，因为他们不知道一切正常。在家庭中，这是一个巨大的未被承认的债务领域，这就不是债务。没有什么是被亏欠的，但是对于任何一个到达了稳定成年期的人来说，如果没有某人在最开始的时候带他或她经历过那些早期阶段,他或她就不可能走到成年。

这个关于抱持和抓握的问题会引发人的可靠性这一整体问题。我一直在谈论的这类事情是不能由计算机来完成的——必须由人的可靠性(其实也是不可靠性)来完成。在发展的过程中,母亲对于婴儿需求的适应性会逐渐减少,相应地,婴儿会开始觉得受挫和生气,这时他需要认同他的母亲。我记得有一个三个月大的婴儿,在妈妈胸前吃奶的时候,他会在吃到奶之前把他的手指放进她的嘴里喂她。他已经能够产生关于"母亲有什么样的感觉"的想法。

一个婴儿能够将母亲、父亲或者保姆还活着的想法维持若干分钟,但是如果在这个阶段,母亲离开了两个小时,那么孩子内在的母亲形象就会开始衰退和死去。当母亲再回来的时候,她就是另一个人了。让他内在的母亲形象再度复活是很困难的。大约在两岁之前,婴幼儿对与母亲的分离的反应都会很大。到了两岁以后,孩子就会开始对母亲或父亲产生足够的认识,从而不仅对一个物体或一种情形感兴趣,而且会对一个实际的人感兴趣。在两岁这个阶段,在某些情形下,例如当孩子住院的时候,他是需要母亲陪在身边的。但是婴儿永远都需要稳定的环境,这会促进个人体验的连续性。

我不仅从与母亲们的交谈和对孩子们的观察中学到很多,还从对成年人的治疗中学到很多——他们都在治疗期间变成了婴儿或儿童。我不得不假装自己比实际上更成熟,以此来应付这类情况。目前我就有一个病人,她五十五岁了,在一周见我三次的情况下,她尚且能够将我的形象维持在活着的状态。一周两次也是可能的。但如果频率改为一周一次,即使我与她谈话的时间很长,也是不行的。那个形象会衰弱，看到所有感受和意义都跑掉的痛苦会变得分外强烈，以至于她会对我说，这太不值得了，她宁可去死。所以治疗的模式必须依赖于那个父母式人物的形象在多大程度上能被鲜活地维持住。只要一个人在做具有职业可靠性的事情，无论何时，他都无法阻止自己成为一个父母式的人物。我能料想，你几乎完全投入到某种具有职业可靠性的事情中，在那个有限的区域内，你做得比你在家做得好多了，你的客户会依赖你，并且会依靠在你身上。

远在语言有意义之前，人的可靠性行为就已经在产生交流了——母亲摇动婴儿时全情投入的方式、她的声音和声调等都在交流，而这远在言语理解发生之前。

我们都会信任他人。现在我们正在这间大厅里，没有人会担心房顶掉下来。我们信任建筑师。我们相信他人的原因正是我们被某人很好地开启了人生。在一段时间内，我们接收到了一种沉默的交流，它的内容是，在我们可以依靠外界提供的环境并因此继续我们的成长和发展这个意义上，我们是被爱的。

一个没有体验过前语言期照料的婴儿（主要指抱持和抓握）在人的可靠性方面是一个被剥夺的孩子。在逻辑上，只有爱能够被应用在一个被剥夺的孩子身上，在抱持和抓握方面的爱。在一个孩子人生中的晚些时候去做这件事是很困难的，但是无论如何，我们可以试一试，就像在住院护理中那样。困难在于那个孩子会试探，来看看这种前语言期的爱、这种抱持能否禁得住破坏，这种破坏性是随着原始的爱而来的。如果事情进展顺利，这种破坏性就会升华为吃、踢、玩、竞争等事情。不过，这个孩子恰巧处于这个原始的爱的阶段——在这里，他可以爱一个人，那么接下来会发生的事就是破坏。如果经历过这些的你生存下来了，那么事情就会演变成破坏的想法，但首先到来的是破坏。如果你开始去爱一个没有在前语言期被爱过的孩子，你就会发现自己陷入了一团混乱——你会发现你的东西被偷了，你的窗户被打碎了，你的猫受到了折磨，等等，这些可怕的事情都可能发生。但是你必须要在破坏中存活下来。你会因此得到他的爱。

为什么如果我站在这里说，我的人生有一个好的开始，会听起来像自吹自擂？实际上我所说的是，没有什么我力所能及的事情是全靠我自己的；这些事或者是遗传的，或者是某人让我能够到达我现在所在的地方。这些话听起来确实像吹牛，其原因是，对于我——一个人类而言，我无法相信我没有选择自己的父母。所以我在说的是，我做出了一个很好的选择。我很聪明不是吗？这看起来很傻，但是我们正在与人性打交道，在人的成长和发展中，我们要能够接受悖论；我们感觉到的事，与能够被观察到是真实的那些事，是能够达成和解的。悖论并不需要被解开，而应该被观察。在这一点上，我们划分出两个阵营。我们必须观察到什么是我们的感觉，也要使用我们的大脑去识别什么是我们对之有感觉的事物。接受我的建议吧——整个前语言期的爱的表达（抱持和抓握）对每一个发展中的婴儿来说都有着至关重要的意义！然后我们才能够说在一个人曾经的体验的基础之上，我们可以教会他一些概念，比如永恒的臂膀。我们可以使用"上帝"这个词，我们能够与基督教教堂和教义建立起具体的联系，但是这仍然是一系列步骤。教学能够发挥作用是因为那个儿童有能力去相信。在道德教育的问题上，如果我们将某些事看作"罪恶"，那么我们能在多大程度上有把握没有剥夺那个成长中的孩子的能力，让他能够依靠自己在其自身的发展中去形成个人的是非观呢？通常，一个人是可以剥夺另一个人的极端重要的时刻的，因为那个人当时的感觉本来是："我有一种冲动，要……但是我也……"然后他们会到达某种个人发展阶段。如果有人说："你不可以那么做，那是错的。"这一切就会被彻底破坏。他们或者会顺从（他们放弃了），或者会否认，这时大家都没有任何收获，也没有任何成长。

我的观点是，你们只能在一个儿童目前已经有的能力之上进行教学，而且要以他的早期体验以及连续的可靠抱持为基础——这种抱持出现在不断扩大的家庭圈子、学校以及社会生活之中。

青少年的未成熟性

1968年7月18日,在泰恩河畔纽卡斯尔举办的英国学生健康协会第21次年会上提交的论文。

初步观察

对于这个宏大的主题,我的切入路径源于我的专业经验。我可能会做出的评论也一定基于心理治疗的态度。作为一名心理治疗师,我很自然地发现自己是从以下这些方面来思考这个问题的:

· 个人的情感发展;

· 母亲和父母的角色;

· 家庭,儿童需求的自然发展;

· 学校和其他群体的角色,它们被看作家庭这一概念的延伸,也是一种自固定的家庭模式中的解脱;

· 在与青少年的需求的关系上,家庭的特殊角色;

· 青少年的未成熟性;

· 青少年在其一生中逐渐获得的成熟;

- 个人获得的一种对社会群体和社会的认同，这种认同并没有以过多丧失个人的自发性为代价；
- 社会的结构，这个词在这里是作为一个集合名词被使用的，社会由单位个体组成，不论是成熟的还是不成熟的；
- 对政治、经济、哲学和文化的抽象，它们是自然成长进程的顶峰；
- 世界是几十亿个体模式的叠加。

人的动力在于成长的进程，这天然地存在于每个个体之中。这里的假设是存在一种足够好的促进性环境，这种环境在每个个体成长和发展的开始都是必要条件。有一些基因会决定我们的模式，我们也天生有去成长并实现成熟的倾向，然而，除非与之相关的环境足够好，否则在情感成长方面，什么事也不会发生。我们要注意的一点是，"完美"这个词并没有进入这一状态——完美只属于机器，不完美是人类适应需求的一个特征，它是促进性环境的一个关键特质。

这一切的基础是个体的依赖性。刚开始，依赖性几乎是绝对的，后来它会以一种有序的方式逐渐发生变化，成为相对的依赖性，并最终指向独立性。独立性不会变得那么绝对，一个被看作自治单位的个体实际上永远都是依赖于环境的，尽管通过一些途径，这个在成熟状态下的个体会感觉自己是自由的、独立的，他还会去追求幸福，追求人格同一性。通过交叉认同，我与非我之间的界限变得模糊了。

截至目前，我所做的一切都是在列举人类社会百科全书的各个不同部分，其视角是个人成长（作为一个集合名词以及一种动力）这个大熔炉表面永恒的沸腾。我在这里能够处理的那些在规模上必然非常有限，因此对我来说很重要的一点是，把我要说的放在人性这一广大背景之上，我们可以用很多不同的方式看待人性，可以从望远镜的一端或另一端去观察。

病态还是健康？

我的论述一旦离开了一般性而开始变得更加具体，我就必须做出选择，也就是包括这个或排除那个。例如个人精神疾病这个问题。社会包括所有成员，而社会结构是由那些在精神上健康的成员建立并维持的。然而，社会也必须容纳那些患有疾病的成员，举例来说，社会包括：

・那些不成熟的人（年龄上的不成熟）；

・那些精神变态的人（剥夺的终极产品——当有希望的时候，这些人必须让社会承认他们被剥夺的事实，实施剥夺的对象或者是一个很好的、他所爱的客体，或者是一个令人满意的结构，他们可以依靠这些来忍受那些来自自发运动的压力）；

・那些神经质的人（被无意识的动机和矛盾心理所折磨的人）；

・那些情绪化的人（徘徊在自杀和其他选择之间，这种选择可能包括具有最高贡献的成就）；

・那些分裂性的人（他们的毕生任务是建立自我，成为一个有身份感和真实感的个体）；

・那些患有精神分裂症的人（至少在发病阶段，他们无法感觉到真实性，在最好的情况下，他们能够在由别人代理的基础上完成一些事）。

除了这些，我们还必须加上一个最棘手的类别——这个类别包括很多人，他们让自己处在权威或者责任者的位置上——也就是那些偏执狂，他们被一种思想体系所统治。这种思想体系必须不断地被展示并用来解释每一件事，否则（对于以这种方式生病的个体来说）他们就会出现剧烈的思想混乱、混沌感，丧失所有可预测性。

在任何一种对精神疾病的描述中都会出现重叠，人们是不会把自己很好地划分到不同的疾病群体中去的。这让内科和外科医生很难理解精神科医生。他们会说："你们只有病的名字，可我们有（或者一两年内就会有）治疗方法。"没有一个精神疾病的标签完全符合病例的实际情况，"正常人"和"健康人"这两个标签尤甚。

我们可以从疾病的角度来看这个社会，看社会中那些患病的成员如何用这样或那样的方式让我们不得不关注他们，社会又如何被疾病群体涂上了颜色。实际上我们也可以考察一下，除了人们碰巧所在的社会单位在任何时候都在使患病者变得扭曲或失去效用以外，家庭和社会单位能以怎样的方式造就精神健康的个体。

我并没有选择用这种方式看待社会，而是选择了从健康的角度——成长的角度——来观察社会。成长自然地来自精神健康的社会成员的健康状态。我这么说的同时当然也确实明白这样一件事——有时，在一个群体中，精神不健康成员的比例可能会过高，以至于那些健康成员健康状态的总和也无法承载这些不健康了。这时，这个社会单位本身就会成为一个精神病学上的伤亡者。

我倾向于把社会看成由精神上健康的人组成的，但即使如此，我们也会发现，社会有相当多问题，实在是太多了！

你们会注意到，我没有使用"正常"这个词，这个词和轻率的思维联系得太紧密了，但是我确实相信存在精神健康这回事。这意味着，我觉得自己有必要去研究社会，就像其他人已经做的那样，而我研究的角度是把它作为一种个体以自我实现为目标的成长的集合状态。我们都知道的公理是，所有社会都是由个人建立、维持以及不断重建的结构，因此，没有社会也就没有个体的自我实现，并且所有社会都是其个体成员成长进程的集合体。我们必须停止到处寻找世界公民。其实只要我们能在这里或那里发现这样一些人——他们的社会单位突破了地域的边界、民族主义的边界，或者宗教派系的边界，就应该感到满足了。实际上，我们需要接受一个事实——对于精神病学所指的健康人而言，他们的健康和自我实现都有赖于对一个有边界的社会区域保持忠诚——这个区域有可能是当地的保龄球俱乐部。为什么不呢？只有当我们到处寻找吉尔伯特·穆瑞①的时候，我们才会感到悲伤。

主要论点

一项关于我的论点的积极陈述会立刻把我带到近五十年来在做的"足够好的妈妈"的重要性方面所发生的巨大变化上。足够好的

---

① 英国古希腊语言和文化学者，政治及社会活动家。——译者注

妈妈其实也包括父亲们,但是父亲们一定得允许我使用"母性"这个词来指称对婴儿及照顾婴儿的整体态度。"父性"这个词必然比母性到来得晚一些。作为男性,父亲这一角色逐渐成为一个重要因素。然后是家庭,它的基础是父亲和母亲的联合,他们共同分担责任,一起创造了一个婴儿,我们称之为一个新的人类。

让我来谈一谈母性的给予。现在我们都知道,一个婴儿是如何被抱持的确实是很重要的,照顾这个婴儿的人是怎样的也很重要,不管这个人实际上是孩子的母亲还是别的什么人。在我们的儿童养育理论中,照顾的连续性已经成了促进性环境这个概念的核心特征。我们已经知道,通过连续提供这种环境——也只有通过这种方式,依赖大人的新生儿才有可能在他或她的人生之路上具备连续性,而不是总要对不可预知的事情做出反应并总是处于重新开始的模式。①

在这里,我想提到约翰·鲍尔比的著作。当一个两岁的孩子失去了妈妈这个人(即使是暂时的),而这种失去的时间超出了他能够维持妈妈鲜活形象的时间时,他会做何反应?鲍尔比的论述已经被广泛接受,尽管还需要更充分地探索②。在这些论述背后的观念延伸到了一个整体性主题,那就是对一个婴儿的照顾的连续性。这种照顾始于婴儿获得生命的那天,到他把母亲作为一个人去整体客

---

① "乔安娜·菲尔德"(M. 米尔纳),《一个人自己的一生》,伦敦,查托及温德思出版社,1934年;哈蒙兹沃思,企鹅图书,1952年。
② 约翰·鲍尔比,《依恋和丧失》,伦敦,贺加斯出版社及精神分析研究会,1969年;纽约,基本图书,1969年;哈蒙兹沃思,企鹅图书,1971年。

观看待之前不曾间断。

另一个新的特征是：作为儿童精神分析师，我们不只关注健康。我想，要是在精神分析领域能普遍如此就好了。我们关注的是幸福的丰富度，它在健康状态中被建立起来，但不会在精神病学所指的不健康状态中被建立起来——即使基因本来可以带着这个孩子走向自我实现。

现在，我们不再只带着恐惧去看待贫民窟和贫穷了，我们也能带着一只睁开的眼睛去看到一种可能性，那就是对一个婴儿或一个很小的孩子来说，一个贫民窟里的家庭可能比一座豪宅里的家庭更安全，更符合促进性环境的特征。在富足的家庭里，通常只是看不到那些常见的威胁①。而且我们能够感觉到，去考察不同社会群体之间在习惯做法方面的实质性差异是值得的。拿襁褓这件事来说，人们使用襁褓是为了避免婴儿去探索、去踢腿。据我们所知，这在英国社会几乎是最常见的做法。社会对于安抚奶嘴、吸大拇指、自体性欲行为的总体看法是什么？人们对于生命早期那种自然地对欲望的不节制是如何反应的？人们如何看待他们与禁欲的关系？特鲁比·金②提出的那些原则仍然被很多成年人所遵循。这些人试图将发现个人品德的权利交给孩子——我们可以从人们对于已经走向极

---

① 人口过多、饥饿、害虫、来自身体的疾病、灾害以及慈善团体所颁布的法令的持续威胁。

② 新西兰内科医生，新生儿养护专家，主张适当的育婴方法不是靠直觉形成的，而是需要系统、科学的学习；成立了皇家新英格兰普朗凯特协会，其宗旨在于通过家庭寻访和诊所宣传的方式介绍他的育婴方法。——译者注

端的放任主义教条的反应中看出来。最后，我们或许会发现，在母乳喂养的问题上，美国的白人公民和黑人公民之间的差别其实与肤色无关。那些被以奶瓶喂大的白人可能会嫉妒那些被以母乳喂大的黑人。

你们可能已经注意到，我关注潜意识动机，而这个概念尚未被众人所知。我无法从一份填表式的调查问卷中提取我需要的资料。在一些调查中，个体只是实验用的小白鼠，他们的潜意识动机是无法被计算机程序发掘出来的。说到这一点，很多用毕生精力从事精神分析的人一定会竭尽全力地呼吁我们恢复理性，不要过度相信表面现象——这些表面现象的特征就是针对人类的机械化的调查。

更多困惑来源于那种不假思索的假设——如果父母能够很好地养育他们的孩子，麻烦就会减少。然而事情根本不是这样！这个话题和我这里的主题关系非常密切，因为我希望告诉大家，当我们去看待青春期这样一个反映个体在婴儿期和童年期得到的照料成功与否的阶段时，我们在当下遇到的一些麻烦其实要归因于现代养育的一些积极因素，以及与个人权利有关的现代观点。

如果你竭尽全力地促进子孙后代的个人成长，你就得有能力处理那些你意想不到的后果。如果你的孩子们最终找到了自己，那么除非他们发现了完整的自我，否则他们是不会满意的。而这意味着在他们身上，除了那些被标记为"爱"的元素，也有攻击和破坏性的元素。这会是一场漫长的缠斗，你得想办法从中存活下来。

如果你对孩子们的照顾能够让他们很快地使用符号，比如玩耍、做梦，或者用一些可被接受的方式发挥其创意，那么你算是幸运的。即使只想做到这一点，路途仍然可能是十分艰辛的。而且无论如何你都会有犯错的时候，你会把这些错误看作灾难。你会觉得糟透了，你的孩子们还会试图让你感到对这种挫败负有责任，即使实际上你没什么责任。他们只要说一句"又不是我自己要出生的"就能达到这个目的。

你得到的回报是丰厚的，这些回报可能会逐渐出现在这个男孩或那个女孩的个人潜能中。如果你成功了，你就要有一种心理准备——你会羡慕你的孩子们，他们在个人发展上获得的机会将比你多得多。如果有一天你的女儿请你帮她照看孩子，你就会感到得到了回报，因为这意味着她认为你可以胜任。回报还可以是：某一天你儿子说想在某个方面和你一样，或者他爱上的女孩是你年轻时喜欢的类型。回报总是间接的。当然，你肯定也知道，你是听不到一句"谢谢"的。

青春期过程中的死亡与谋杀

现在我要"旧事重提"了——当孩子们处于青春发育期，或身陷青春期的挣扎时，这些议题影响着他们的父母。

尽管人们已经出版了大量关于青春期中出现的个人和社会问题的著作，但是只要青少年能够自由地表达自己，人们就可能进一步对青春期幻想的内容发表个人评论。

青春期的男孩女孩在其成长过程中不时用笨拙的方式脱离儿童和依赖他人的状态，并摸索着走向成人状态。成长不只是一种天生的倾向，也是一种与促进性环境高度复杂地交织在一起的过程。如果家庭仍然在其中发挥作用，那么一定处于一个重要的位置；而如果家庭不再发挥作用，或者产生了负面影响，那么就需要小型社会单位去容纳青少年的成长过程。有些孩子在青春发育期隐约显现的问题，其实和他们在更早阶段出现的问题一样，那时他们还是相对无害的幼儿或婴儿。需要注意的是，即使你在孩子的早期阶段做得很好，之后也做得很好，你仍然不能指望机器会一直顺利运转下去。实际上，你一定会遇上麻烦。你在后期遇到的某些麻烦是天然存在的。

比较个体在青春期和儿童期的想法是一件有价值的事情。如果个体在成长早期的幻想中有被克制的死亡幻想，那么在青春期就会有被克制的谋杀幻想。即使一个人在青春发育期的成长过程中没有遇到重大危机，他仍然可能需要面对尖锐的处事方面的问题，因为成长就意味着取代父母的位置。这的确会发生。在人们无意识的幻想中，成长天然地是一种攻击行为。现在，孩子不再是过去那个小个子了。

我相信，考察"我是城堡之王"这个游戏是合理的，也是有用的。这个游戏的来源是男孩和女孩身上的男性元素。（也可以从男孩和女孩身上的女性元素的角度去阐述这一主题。）这是一个体现个体成长早期潜在因素的游戏，到了青春发育期，"我是城堡之王"变成了一种生活状态。

"我是城堡之王"是对个人存在的宣言。它是个体情感成长的一种成就。它也是一种位置，意味着所有对手的死亡或统治权的确立。预料中的进攻体现在后面的句子里:"你就是那个臭流氓!"(或者"跪下,你这个臭流氓!")指出你的对手,你也就知道你的位置了。很快,那个臭流氓会把国王打倒在地并取而代之。

我们无须认为人性改变了。我们需要做的是寻找短暂中的永恒。我们需要把这个童年的游戏翻译成青春期和社会无意识动机的语言。如果一个孩子要成为成年人,那么是要踩着一个成年人的尸体才能完成这段成长之路的。(我必须假定读者能够明白我指的是无意识的幻想——那些在游戏中隐含的内容。)当然,我知道,孩子们可能在一种连续的和实际生活中的父母保持一致的环境中经历了这样一个成长阶段,并且他们不一定会在家里表现得叛逆。但是明智的做法是,我们要记住,叛逆来源于自由,而这份自由是你给予孩子的,因为你把他或她养大的方式就是让他或她可以凭借自身的权利活着。在某些情形下,我们甚至可以说:"你种下了一个小宝贝,却收获了一枚炸弹。"实际上,这是事实,但看起来不总是如此。

在青春期成长的全部无意识幻想中,总会有某人的死亡。其中大部分幻想能够在游戏中被替代,在交叉认同的基础上被处理。但是在对青少年个体的精神治疗中,(作为一名精神分析师,我认为)我们要去发现死亡和个人的胜利,这在成熟和取得成人地位的过程中是天然存在的。这一点已经足够让家长和监护人感到头疼了。而且可以肯定的是,这也让青少年自己感到艰难,他们面对这个关键阶段的成熟所带来的谋杀和胜利时是胆怯的。这个无意识的主题可能会在一次自杀冲动或真正的自杀行为的体验中浮出水面。

父母能给的帮助非常有限,他们最好的应对方式是让自己在危机中存活下来,完整无缺地存活下来,旗帜鲜明,不改颜色,不放弃任何重要的原则,但这并不意味着他们自己不需要成长。

一部分青少年会成为伤亡者,另一部分青少年会在性和婚恋方面达到某种成熟,最终可能会成为像他们父母那样的父母。这的确会发生。但是在成长背景中的某个地方,有一场生死之战。如果个体在这场武装冲突中过于轻易地获得了成功,那么这个背景就会缺乏丰富性。

这把我带到了我的主要议题上——青少年的未成熟性。这是一个艰难的话题。成熟的成年人一定要知晓这一点,并且必须坚信他们自己当前的成熟性。

我希望大家能够理解,在阐述这些的同时不被误解是很难的,因为谈论未成熟性非常容易让人听起来像是在走下坡路,但这并不是我的意图。

任何年龄阶段的孩子(比如六岁)都可能在突然之间需要负起责任——也许是因为父亲或母亲的去世,也许是因为家庭的瓦解。这样的孩子必须变得早熟,失去自发性,失去游戏的机会以及无忧无虑的创造性冲动。对于青少年而言,这样的情况更常见,他们可能突然发现自己有了投票权,或者要承担管理大学生活的责任。当然,如果环境改变了(例如,当你生病、去世,或者陷入财务危机的时候),你就无法避免让你的孩子在时机成熟之前就成为一个肩负责任的人——比如需要照看或教育更年幼的孩子,或者需要挣钱贴补家用。不过,如果成年人移交责任是一项有意为之的策略,情况就不同了——实际上，这么做可能会在一个关键的时刻让你的孩子们感到失落。从游戏的角度来看，或者说从生命的游戏这个角度来看，当你的孩子正要过来杀死你的时候，你却退位弃权了。谁能高兴得起来呢？肯定不是那些青少年，他们现在成了当权者。他们失去了所有想象性的活动和在未成熟性中挣扎的机会。叛逆也不再有意义。这些过早获胜的青少年被困在了他们自己的陷阱里，他们必须变成那个发号施令的人，必须站起来等待着被杀死——不是被自己的孩子杀死，而是被兄弟姐妹们杀死。很自然地，他会想要控制他们。

在很多地方，社会忽视了潜意识动机并因此面临着危机，上文所说的就是这种情况。可以肯定地说，心理治疗师工作中的日常素材是可以被社会学家和政治家应用的，那些普通的成年人也可以使用——在这些成年人自身有限的影响范围内，即使并不总是在他们的私人生活领域内。

我想陈述的是，青少年是未成熟的。未成熟性在青春期健康中是一项至关重要的元素。治疗未成熟性的方法只有一个——依靠时间的流逝，让时间带来成长和成熟。最终，这会让一个成年人出现在我们面前。这个过程无法被加快或减缓，但是它确实可以被干扰甚至破坏，或者导致个体在精神疾病中从内部慢慢枯萎。

我想起了一个女孩，在她的整个青春期里，我们都保持着联系。她并没有处于治疗过程中。十四岁的时候，她有自杀倾向。一首诗歌标记出了她经历过的每个阶段。这里有一小段诗歌，反映的是她刚刚开始摆脱困境的阶段：

当你受伤——缩回你的手吧,

发誓不要说出那些话;

然后小心点——或者不知不觉地去爱,

你会发现你的手再次伸展开来。

所以,她刚刚度过有自杀倾向的阶段,到了一个有时会出现一点希望的阶段。现在,她已经二十三岁了,建立了自己的家庭,发现自己在社会有了位置,并且变得能够依靠她的伴侣了。她不仅享受她的家庭生活,享受和孩子在一起的时光,也能容纳那些发生在她身上的悲伤之事,并找到了一种新的方式去看待在和父母达成和解的同时又不失去其人格同一性这件事。时间的流逝造就了这些。

我还想起了一个男孩,他无法调整自己以适应学校(这是一所相当不错的学校)里的条条框框。他跑到了海边,并因此避免了被学校除名。多年来,他给了母亲很大的压力,但她仍要为他负责。过了一段时间,他回来了,并通过自己的努力进了一所大学,成绩还不错,因为那时他已经可以说那些别人从来没听过的语言了。之后他做过好几份工作,最后才在一个职业上稳定下来。我相信他已经结婚了,但是我不希望给你们一种印象,那就是婚姻是全部问题的解决方案——尽管婚姻确实经常标志着社会化的开端。这两个故事都很普通,但也很不平凡。

未成熟性是青春期图景中非常珍贵的一部分。未成熟性具有最令人兴奋的特征,比如创造性的想法,新鲜的感受和对新生活的构想。社会需要被那些尚未承担责任的人的雄心撼动。如果成年人弃权了,那么青少年就会早熟,并且在一种假象中成为成年人。我对社会的忠告是:为了青少年,为了他们的未成熟性,不要允许他们加速前进去获得假性成熟,不要把还不属于他们的责任交给他们,即使他们自己会争取这些责任。

如果成年人没有弃权,那么我们可以肯定的是,青少年会努力奋斗以找到自己,决定他们自己的命运。在我们的生活中,这是最令人兴奋的事情了。青少年关于理想社会的想法会让人感到激动、刺激,但青春期的重点仍然是它的未成熟性和青少年并没有承担责任这一事实。这是最神圣的一点。青春期仅会持续几年而已,它是一笔财富,当每个人达到成熟阶段时,也必然会失去这笔财富。

我不断地提醒自己,社会始终携带着青春期的状态,它不像那些少年和少女,他们几年后就会成为成年人,转眼间就会认同某种框架。在这个框架里,新的婴儿、新的儿童和新的青少年出现了,他们或许可以自由地为这个世界创造出新的视野、梦想和计划。

胜利属于经历过成长过程的成熟。胜利不属于假性成熟——这种成熟不过是肤浅地对成年人的扮演。假性成熟封锁了很多可怕的事实。

未成熟性的性质

我们有必要花一些时间去考察未成熟性的性质。千万别指望青少年能意识到他们的不成熟或者知道不成熟的特征是什么。我们也没必要彻底了解。重要的是青少年遇到的挑战能够被应对。谁来应对呢？

我承认，我感到我侮辱了这个话题，仅仅是因为谈论了它。我们说得越容易，语言的有效性就越差。想象一下，如果有一个人居高临下地对青少年说："你身上最让人兴奋的部分就是你的未成熟性！"这真是一个令人反胃的面对青春期挑战的失败例子。或许，"面对挑战"这种说法本身就体现了一种健全心智的回归，因为理解被对抗替代了。在这里，"对抗"这个词的意思是一个成年人站出来宣告他有权利拥有某种个人观点，而其他成年人可能也支持这种观点。

青春期的潜力　我们来看看青少年尚未达成的那些事物。

青春期的变化发生在不同的年龄，即使健康的孩子也是如此。男孩女孩们除了等待这些变化发生，什么也做不了。这种等待会让所有人倍感压力——尤其是那些发育较晚的人。所以我们会发现那些发育晚的孩子会去模仿那些发育早的人，而这会带来基于身份认同而不是内在成长进程的假性成熟。在任何情况下，性的变化都不会是唯一的变化。孩子们的身体会发生变化，他们通过身体的生长会获得更多身体力量。因此，真正的危险也会到来，暴力会被赋予新的意义。随着力量的增长，孩子们的思维能力和技能也有所增长。

只有随着时间的推移和生活体验的增多，一个男孩或女孩才能逐渐为在个人幻想世界发生的一切负起责任来。与此同时，青少年会有一种很强烈的倾向——攻击性以自杀的形式变得明显起来。此外，攻击性被以个体寻求迫害的形式体现出来，这是一种希望摆脱迫害妄想系统的疯狂尝试。当迫害在妄想层面被接受的时候，个体就会被激发出想要脱离疯狂和妄想的企图。一个患有精神疾病的男孩（或女孩）如果有一个建构完好的妄想系统，就会引发一系列会激起迫害的想法，一个简单化了的迫害位置是诱人的，一旦这成为现实，逻辑就靠边站了。

但是最为困难的是个人感受到的压力，这种压力来自无意识的性幻想以及和性对象的选择相关的对抗。

青少年，或者说处于成长过程中的男孩女孩们，仍然不能为残酷和痛苦负责，也不能为杀害和被杀害负责。这些都可以在这个世界的图景中被看到。这拯救了这个阶段的个体，让他们可以避免为了对抗个人潜在的攻击性而产生极端反应，也就是自杀（病理上，这意味着个体接受了他对所有想到的或能够想到的邪恶负有责任）。看起来，青少年潜在的罪疚感似乎不少，而一个人要在若干年的内部发展之后，才有能力去发现自身内在好的那一面与坏的、充满仇恨的、破坏性的那一面之间的平衡。后者在一个人的内部其实也是与爱如影随形的。在这个意义上，成熟属于生命中更靠后的阶段，而我们不能期待青少年能比处于下一阶段的个体看得更远——那是二十岁出头那个阶段的事了。

有时我们会理所当然地认为，那些已经经历了性交（或许还会有一两次怀孕）——所谓"滚了床单"——的男孩女孩们，在性方面已经达到了成熟。但是他们自己知道这并不是真的，他们也开始鄙视这样的性，因为它来得太容易了。性成熟需要包括所有无意识性幻想，并且这个个体需要最终能够接受在脑海中随着对象选择、对象的恒定性、性满足和性交织而出现的一切。另外，青少年会有一种罪疚感，这对全部的无意识幻想而言是适当的。

建设、修复和重建　青少年还无法知晓，通过参与某个以可靠性作为内在要素之一的项目，他们会获得何种满足。青少年不可能知道这份任务由于其社会建设性会为他们减轻多少罪疚感（这种罪疚感来自无意识的攻击冲动，它与客体关系和爱都有着非常密切的关系），会在多大程度上减少他们内在的恐惧以及自杀冲动。

理想主义　可以说，与青春期男孩女孩有关的令人兴奋的事情之一就是他们的理想主义。他们还没有陷入幻灭，这一点的必然结果就是他们会自由地构建理想计划。例如，艺术学生能够看到艺术教育是可以做好的，于是他们要求受到更好的教育。为什么不呢？他们没有考虑到的事实是只有极少数人能够教好艺术。或者学生们看到物质条件有限，需要改善，就呼吁起来了，而找到资金则是别人要做的事。"嗯，"他们会说，"放弃国防计划，把钱用来给大学盖新楼不就好了！"青少年本身就是难以采用长远视角的，这种能力只会自然而然地出现在那些活了几十年并慢慢变老的人身上。

这一切都被荒谬地压缩了。友谊的重要意义被忽略了，人们也忽略了对这一位置的描述——有些人的生活中并没有婚姻，或者婚姻被推迟了。很关键的双性恋问题也没有被考虑进去，通过异性恋的对象选择性和对象恒定性，这个问题在某种程度上得到了解决，但并没有被彻底解决。大家还想当然地认为有很多事情都和创造性游戏理论有关。另外，还有文化遗产——关于一个人的文化遗产，普通的男孩或女孩会在青春期时懂得模糊的概念，除此之外，我们无法奢望他们懂得更多。因为一个人必须在这方面上非常努力，才能稍微知道有这么一回事。等他们到了六十岁的时候，这些又变回男孩女孩的人们会气喘吁吁地弥补他们在寻求财富时丢失的时间，而财富是文明及其积累的副产品。

重要的是，青春期不仅仅是身体的发育期——尽管大部分变化都是以此为基础的。青春期意味着成长，而成长需要时间。并且，当青少年还在成长的时候，责任必须由父辈来承担。如果父母弃权了，那么青少年就必须跳到一种假性的成熟中，进而失去最重要的财富：拥有各种想法并在冲动之下行事的自由。

总结

概括地说，青少年变得会发声、有行动力是令人兴奋的，但是现在我们需要直面他们的攻击（这种攻击让他们感觉自己凌驾于世界之上），我们需要与他们对峙让他们了解现实。对峙必须是在个人层面的。如果青少年要拥有生活和生命力，那么是需要有成年人在场的。对峙属于一种遏制，是非报复性的、不带复仇之心的，但它自身是有力量的。很有益的做法是，我们要记住，当下的学生的不稳定性及其表达出来的内容可能正是那些我们在婴儿护理和儿童养育方面所引以为傲的态度的产物。让年轻人去改变社会吧，教会成年人如何以新鲜的眼光看待这个世界！如果一个成长中的男孩或女孩发起了挑战，就让一个成年人来面对挑战吧！这个过程不一定是温文尔雅的。

在无意识幻想中，这是个生与死的问题。

第三部分
对社会的反思

思考和无意识

1945年3月，写给《自由派杂志》的文章。

在我的脑海里，自由党总是和"用脑"以及"试图把事情想清楚"联系在一起，一定是因为这一点，它才会吸引那些做着与纯科学有密切联系的工作的人。科学家们很自然地希望把一些来自他们自己学科的东西带入他们的政治活动中。然而，在人类事务中，除非把无意识考虑进来，否则思考就是一种陷阱、一种妄想。在这里，我所说的"无意识"是指它的两个含义：深层的、无法被获得的、被压抑的；被主动回避的，因为接受它成为自身的一部分会导致痛苦。

无意识感受会在关键时刻支配人的身体，谁能说这是好事还是坏事呢？这只是一个事实，如果政治家们想避免难堪的打击，理性的他们就要时时刻刻把这个事实考虑在内。实际上，对思考中的男人和女人来说，只有当他们在真正理解无意识感受这方面合格了的时候，才能在规划的领域内安全地放开手脚。

政治家习惯凭直觉向下深挖，就像艺术家会发现人性中美好和可怕的方面并把它们呈现出来一样，但是直觉性的方法有它的缺点，其中最大的缺点就是采用这种方法进行思考的人倾向于在谈论他们如此轻易"知晓"的事情时毫无信心。我想我们永远都是宁可听思考者谈论他们思考出来的问题，也不想听人们依靠直觉知道的事情。但是当问题涉及我们的生活计划时，要是让那些思考者接管了，就要求老天爷帮帮忙了：第一，他们很少从根本上相信无意识的重要性；第二，即使他们相信，如果一个人让思考问题彻底代替了感受，那么他对人性的理解也并不完整。在某种程度上来说，其危险在于思考者会制定出不可思议的计划。当每一个瑕疵出现时，都有一个思考出来的更完美的计划去应对它。最后，这一整件理性搭建的杰作却被一个类似于贪婪这样的被忽略的小细节全盘推翻——这纯粹是非理性取得的一个新的胜利，其后果就是：公众对于逻辑的不信任感又增加了。

我个人认为，就经济学这个主题而言，在过去的二十年中，在英国，经济学已经有了进步，我们也有目共睹，但它是一个例子，让我们知道什么叫作令人悲伤的事。在这件几乎是无穷复杂的事物上，从思考的清晰度这个角度来看，经济学家是无敌的。这些思考也是必要的。然而，对于一个在工作中时刻与无意识打交道的人来说，经济学常常看起来像一门关于贪婪的科学，因为在其中，任何提及**贪婪**的说法都是被禁止的。我把贪婪用黑体字表示，是因为我指的不仅是贪欲（就是会让小孩子挨巴掌的那个东西），还是原始的爱的冲动。所有人都害怕坦白承认这种冲动，但它是人性中最基本的，也是不可或缺的，除非我们放弃对身体和精神健康的追求。

我的意见是，健康的经济学承认个人和集体贪婪的存在和价值（以及危险），并会试着去管控它，而不健康的经济学假装贪婪只会在特定的病态个体及由这类个体组成的群体中找到，并假定这些个体能够被根除或被我们关起来。这些假设成了该学科的基础，但是这些假设是不成立的，所以大量"聪明的经济学"也只是"聪明"而已，也就是说，它们读起来很有意思，但若以它们作为规划的基础则是危险的。

也许无意识之于思考派来说是一件可怕的麻烦事，就像爱之于主教那样。

漠视精神分析研究的代价

1965年2月25日,在威斯敏斯特教堂集会大厅给心理健康年会全国协会所做的演讲,原标题是"心理健康的代价"。

  为了评估我们为忽视精神分析研究发现所付出的代价,我们必须首先探寻精神分析研究的性质。这是不是说科学把自身分割成了可以接受的研究和关注无意识的研究呢?我们必须考虑的是,一般来说,我们不能期望公众对无意识动机感兴趣。

  可以说,有两条路通向真相:一条是诗意的,一条是科学的。研究发现是与科学路径相关的。科学研究原本可以成为一种有想象力和创造力的工作,却被有限的对象、实验结果和预测所约束。

  诗意的真相和科学的真相之间的联系肯定在人与人之间,在你和我之间。我身体里的诗人会在一闪念间得到全部真相,而我身体里的科学家则向着一个小小的真相摸索着前进。当科学家达到了一个最近的目标时,一个新的目标又自动出现了。

  诗意的真相有某种优势。对于个人来说,诗意的真相会提供深层的满足,当人们用新的方式来表达一个古老的真相时,新的创造性体验有机会成为一种美。然而,利用诗意的真相却是非常困难的。诗意的真相是基于感觉的,而我们在同一个问题上的感觉可能并不一样。通过科学的真相,在有限的目标中,我们希望使那些能够运用他们的头脑并被智力带来的思考所影响的人在某些实践领域达成一致。诗歌会呈现某些真实的东西,但若要规划人生,我们需要科学。但是科学在人性的问题上会退缩,并且倾向于忽视人类这个整体。

想到这一点时,我正在看温斯顿·丘吉尔先生国葬的电视转播。当时我很舒服地坐着,却感到筋疲力尽,原因是那八个抬灵柩的人所承载的灵柩的重量以及无尽的压力。仪式的重担压在这几个看起来仪表得体的人的肩膀上。传言说那其中的一两个人近乎崩溃,而那具以铅镶边的灵柩原本有半吨重,后来被减轻到二百五十千克。

我知道一位发明家(同时也是应用科学家)曾经出过一个主意。他发明了一种非常轻便的灵柩,并试图将其投放市场。假如这个人咨询过一些精神分析师的话,他就会发现他们普遍会有这样的意见:抬灵柩的人肩上的负担其实是无意识的罪疚感,这是悲伤的一种标志。一个轻飘飘的棺材意味着对悲痛的拒绝,是无礼的、轻率的。

确实,在感受层面,人们对此可能会有各种反应。但是试想:有一个筹划委员会,一些高级公务员要为另一场国家葬礼做出方案。在顶级的智力加工领域,人们必须找到替代诗意的真相的方案,而这被称为科学调研。人们会将科学召唤来,第一个科学实验就会是关于肩负重担的人的血压变化的。人们的头脑中会跳出上百个研究项目,但是(这是一个问题)就算这些研究项目都加起来,它们能把我们带到无意识象征符号和悲伤上去吗?正是在这里,精神分析师接管了我们。我必须要问:我们如何应用精神分析研究?什么样的研究能够被称为精神分析研究?

(我想我必须忽略所有精神分析师曾经为彼此写过的那些东西。)

精神分析研究不该扭曲地挤进自然科学的模式中。每一位分析师都在做研究,但是这种研究不会成为计划中的研究,因为分析师必须跟随不断变化着的需要和正在接受分析的来访者不断成熟的目标。这个事实是永远无法被回避的。对病人的治疗不能被研究需要歪曲,而且没有一次观察的设置是能够被复制的。最理想的情况也只是分析师回头去看发生了什么,并将此与理论进行对照,进而对理论做出相应的修正。

但毫无疑问,研究项目是能够被计划的。现在我就可以给你们一个计划:一个合适的研究工作者,掌握着目前通用的人类成长理论的相关知识,带着一笔费用和一个简单的问题,向十位分析师做一次正式的拜访。我可以举一个非常简单的例子。这个问题很可能是:在之前一个月您所进行的分析里,"黑色"这个念头是如何进入分析素材的呢?

关于这个素材,他可能会写出一篇有价值的论文。论文会包括关于黑色的内容,说它出现在了病人的梦中和孩子们的游戏中。论文进而揭示出这个念头所携带的无意识象征意义的某些内容,以及不同类型的个体对黑色做出的无意识反应。如果有第二个问题,那么问题是：你的观察支持了现行的精神分析理论，还是反映了这些理论有被修正的需要？这会产生一个结果：我们发现，关于黑色在无意识中的含义，虽然我们已经知道了不少，但还有很多东西是未知的，它们也在等着我们去收获。

这项研究如此简单易行，忽视它的代价又是什么呢？一个严重的代价是，人们在白人与黑人的关系以及白人群体与黑人群体的关系中持续产生的误解。每一位在工作中保持清醒的执业咨询师都在进行着系统化的观察，如果我们浪费了这些观察，那么代价会是什么呢？

我们会发现精神分析研究和老鼠、狗、扩展了的室内游戏，以及统计评估的关系都不大。精神分析研究的素材实际上是人类本身——人的存在、感觉、行为、关系和思考。

对我而言，分析性的研究是分析师们的集体体验。它需要的仅仅是我们用智慧的方式将其集中起来。我们中的每个人都已经做了大量细致的观察，但有太多我们所产生的理解正在被白白浪费。我们的工作确实关注着无意识动机，正是这一点把我们与规划者区分开来。一名（研究人类事务的）科学家为了给他的发现找到大众读者，而必须忽视无意识，多么可叹啊！

或许我们必须接受一个事实，那就是无意识动机并不是公众感兴趣的事物，除非它被以某种艺术形式呈现出来。接受了这一点，我们就能再来看看这个问题：我们付出了什么代价？答案就是，代价是作为经济学、政治和命运的玩物，我们一直是老样子。从个人的角度来说，我对此没有什么可抱怨的。

接下来无非就是举很多例子来说明，当社会对把无意识这一概念与科学研究相结合这件事持负面反应时，代价会有多沉重。但是我在举例的时候并没有期待人们会对这些例子加以利用。我也不必在这里证明精神分析疗法是最好的治疗方法。精神分析疗法肯定会为分析师提供一种特别的教育形式（即使对个案的治疗过程是失败的）。如果在这篇论文中，我提出的与这个简单的主题有关的内容是对的，那么当一个男人或一个女人希望自己能受到良好的教育以便更好地处理与人（不论是健康的还是患病的）有关的事务时，精神分析的训练和精神分析的实践就应当得到高度重视。

下面我们来假设，除了问关于"黑色"的问题，研究工作者还可以问关于战争、原子弹和人口爆炸的问题。

战争　和个人或群体讨论战争的无意识价值在现实中是一种禁忌。然而如果我们完全不考虑这一点，就一定会付出巨大的代价（如第三次世界大战）。

原子弹　我们应该考察热核物理学及其在原子弹方面的应用的无意识象征意义。精神分析师关注那些边缘型案例（类精神分裂型人格）是因为他们想关注，在这个领域，这些案例含有很多信息。我在想，原子弹之于物理学领域，就像人格瓦解之于动力心理学领域。

人口爆炸　人口爆炸这一问题通常是在经济学语境中被研究的，但是还有很多可说的，而且这个主题还没有被"性"这个词所覆盖。当然，控制过剩人口的困难已经进入日常精神分析实践领域，但是就像我已经说过的，精神分析师必须学着容纳他所了解到的事情,并屈从于这样一个事实——一场近距离的、私人的对人的感受进行的考察所揭示的那些东西,其实没有人想知道。

现在我会花点时间进入精神科医生研究的领域,尽管严格地说,我并不是一名精神科医生。

成人精神病学

在一些医院和诊所,针对那些成年精神病人,精神科医生已经开始尝试在他们现代化的人道主义的态度中,增加对精神分析发现的应用。其他医院和诊所中的医生则认为人道主义的态度已经足够好了。实际上能做到这一点已经很不容易,因为一家医疗机构往往要面对蜂拥而入的成百上千的病人。

在理解抑郁现象方面,有一项精神分析领域的重大贡献正等待着被应用于普遍的精神病学领域。其中一点(我只选择一个细节)就是抑郁的人需要被允许处于抑郁中,并被他人照顾着生活一段时间。在这段时间内,他们可能会自行解决其内部冲突——也许接受了心理治疗的帮助,也许没有。

有时候,一个人会向往一个古老的词语——"安息所[①]",如果它可以指供某些需要逃遁于世外的抑郁病人休憩的避风港的话。在这里,代价必须被以"人类废品"和痛苦来衡量。有一个实践中的细节就是公众应当把自杀作为一种悲伤的事件来接受,而不是把它看作一种表明精神科医生一方有所疏漏的迹象。自杀威胁是某种

[①] 也指精神病院。——译者注

勒索，会让年轻的精神科医生对他的抑郁病人过度治疗和过度保护，而这会干扰他对一般抑郁病人的人性化以及人道主义管理。

正如我们今天在听了生物学的解释之后能够看到的，一个更有争议的话题是对精神分裂症的研究，特别是当精神分裂症被很多人视为一种疾病（遗传和生物化学失调的结果）时。沿着这些线索开展的研究都得到了充分的支持，但是精神分析也能做出贡献。由于诊断错误，精神分析师曾经被迫去研究一些精神分裂的人，而且关于这些带着精神分裂症状找到分析师进行处理的人，分析师也有话要说——精神分裂症似乎是一种人格结构的失序。

有一位精神科医生朋友的精神分析师是幸运的。因为如果分析师的一位病人处于崩溃的阶段，他的医生朋友就会接收并照料这位病人，还会邀请分析师继续主管这个病人的治疗——在心理治疗方面。很多精神分析研究受到制约都是因为精神科医生和精神分析师之间的互相怀疑。与其用疗效来衡量这个领域的跨学科活动的价值，不如用精神分析师和精神科医生所受到的教育来衡量。

从整体上来说，在精神分析领域里，人们倾向于认为精神分裂症源于早期婴儿阶段成熟过程的逆转，而在婴儿阶段，绝对的依赖是一种事实。这就把精神分裂症带入了普世的人类挣扎的领域，从而让它脱离了特定疾病过程的领域。医疗世界急需这种理性认识，因为事实的确如此——不应该将来自人类挣扎的失调与那些继发于退化过程的失调相提并论。

我无法在这里提到我自己的研究领域——儿童精神病学，因为就算是浓缩版，我也至少需要用一本书的长度来介绍它。

医疗实践

医疗实践领域和精神分析领域之间的交叉范围如此之大,以至于除了提到它,我也不能做得更多了。医生和精神分析师二者需要被整合,病人人格分裂的两个方面也需要被整合,因为身心的失调之下掩藏着心理的失调。如果管理这些病人的人彼此之间有分歧,那么身心失调的病人又怎能被整合呢?

在所有这些领域里,现在已经有了一些专业组织,试图在裂隙之上架起桥梁,整合包括精神分析师在内的不同研究工作者群体的发现,而分析师们一直都在尴尬地兜售着无意识动机的概念。

教育

在教育领域,我们可以从人们对幼儿园和小学的忽视上衡量出没有利用精神分析研究发现的代价。这些机构的概念来自玛格丽特·麦克米兰[①]、苏珊·艾萨克斯[②]等人。我们还可以通过孩子们失去了创造性学习的机会而只是被传授知识这点去衡量,或者通过对正常孩子的教育受到干扰这点去衡量。这种干扰出现的原因是教育机构没有把正常孩子和有情绪障碍的孩子——特别是那些家里有阻碍性环境的孩子——分开。

我们来看一个细节:在伊顿公学或其他学校为那些正常的、有

---

① 20世纪英国保育学校的首创者和推动者。——译者注
② 教育心理学家及精神分析师,曾兴办实验学校,并将保育学校理论推向了一个新的高度。——译者注

完整家庭的孩子设计的体罚，实在不能和为被剥夺或反社会孩子设立的学校里的体罚相提并论，可是写给《时代周刊》的那些信件似乎要忽略这一事实。然而，体罚这一想法的无意识意义也因孩子的所属类别（健康的或生病的）不同而不同。应该有人把婴儿和儿童养育的动力机制介绍给老师们，就像需要有人教会他们教什么，老师们也需要接受教育诊断方面的指导。

母婴关系

我只会简要地提到母婴及亲子关系领域，因为我已经写过相关内容，将精神分析领域对这个主题的贡献分享给了大家。不过，我会提醒你们，精神分析倾向于显示出精神健康的基础不仅是遗传，也不仅是概率事件。对一个孩子来说，精神健康的基础是由母亲能够足够好地完成其职责的婴儿期，以及在持续发挥功能的家庭中度过的整个童年期所积极奠定的。

因此，当一位足够好的妈妈用她天然的足够好的方式去对待婴儿的时候，精神分析研究会在最大程度上为她提供支持；当父母间的合作持续存在并发挥令人满意的作用时，支持这种合作；并且持续地关注家庭，特别是在两个发展节点上——学步期和青春期。另外，精神分析研究也会为老师与家长的互动提供同样的支持。儿童在潜伏期接受的最佳的学校教育正是以这种互动为特征的。

青春期

结合其他人针对青春期所做的工作，精神分析研究已经为有关这个发展阶段及其与身体发育关系的一般理论做出了一些贡献。目前，全世界普遍存在一个事实：青春期的少男少女的羽翼尚未丰满。或许这个事实本身（或至少有一部分）就是精神分析研究所带来的原则的积极成果。我个人是这么认为的。

那些看重家庭的人，那些认同人需要一种家庭设置的人，在精神分析研究中所得到的支持会比其他地方都多。精神分析已经展示了一条路，在这条路上，个人成长中的成熟进程需要一种促进性的环境，精神分析也表明了这种促进性的环境本身是怎样一种高度复杂的事物，它自身也有着发展性的特征。

家庭医生

就事论事地用一句话概括家庭医生的任务是一件有诱惑力的事情。在卫生服务机构的时代，社会上有一种潜在的、无限扩展的疑病症，医生们也相应地有一种疑病症式的焦虑，这就解释了为什么会有过度开处方的现象。关于这些，如果有人在精神分析师中间开展一次调查，就会让那个时候已经被掌握的相关知识变得广为人知。然而，在计划时代，去期待人们要求获取这类信息是不合理的，因为计划本身有其无意识动机。这里的代价是沉重的。

进一步说，我们可以收集到一种信息，也就是公众不喜欢医生，也嫉妒他们，可是公众中的个体却很喜欢并信任他或她自己的医生；或者反过来，公众将医生这个职业理想化了，但是与此同时，每个个体却无法为他们自己找到合适的医生。在关于医生的看法上，公众和个体的感受往往是相反的。医生也陷在同样的无意识动机冲突里。优秀的医生都过于忙碌，以至于无法退后一步来客观地看看他们的问题。

反社会倾向的特殊案例

或许社会对精神分析研究发现最积极的利用在于对反社会行为这个问题的解决。原因之一可能是对反社会儿童的检查会带出一段剥夺史以及这个孩子对某种特殊类型的创伤的反应。通过这样的方式，对反社会倾向动力机制的研究受到的阻力更小，因为我们发现的并不完全是无意识动机。在适当的环境下，就算没有诉诸精神分析过程，一个孩子真实的被剥夺经历也往往是可以被了解到的。社会已经很好地利用了鲍尔比和罗伯森关于分离的著作，在实践方面取得的成果之一就是一些儿童医院已经建立了更宽松的探访制度和新生儿母婴同室制度。我们可以宣称寄养制度是对这方面研究的进一步应用，而它在战后已经代替了大型福利机构，迅速地被大家接受。其中的一个原因就是寄养的费用更低，所以这种方式得到了最高层的财政支持。

忽视我们已经有的关于少年犯罪的知识的代价要以社会所付出的成本来衡量，在这里出现了一个积极的特征：1948年的《儿童法案》[①]。它是针对少年犯罪的一剂预防性药物，或许在我所考察的

[①] 1948年，英国政府通过了一项《儿童法案》。该法案致力于一系列的儿童照料服务，它规定，孤儿、弃儿由福利院负责照顾，而缺乏正常家庭生活的儿童，可采用寄养的方式，由政府出资安排到一些正常的家庭中生活。——译者注

广大范围内，这是最棒的一件事了。

红利

我的本意并不是完全悲观的。就像弗洛伊德的理论已经渗透到了生活、文学和视觉艺术等领域，很多动力心理学的原则对婴儿和儿童照料、教育以及宗教活动都产生了影响。在各个地方，分析师的研究已经让一些人的双手变得更加强大。这些人从个人情感成长的角度思考问题，他们看待健康的视角是：一个人从依赖走向独立是一段旅途。一个孩子会不断进步，他会逐渐地、适时地（比如，在青春期之后，而不是在青春期当中）认同这个社会，作为一个成年人在社会维护及变革中承担责任。

随着时间的推移，人们会接受的是，精神分析的发现和当下潮流的观点已经取得了一致，这些潮流的观点都指向一种不违背个人尊严的社会概念。如果这个世界在接下来的几十年中能继续存在，人们就会发觉，无意识动机的观念虽然并不流行，但它是社会进化中的关键元素。假如没有无意识动机的概念，世界将难逃厄运，而精神分析研究会扮演一个重要角色，将世界从这种命运中拯救出来。如果在命运成为一种既成事实之前，无意识动机能够被人们广泛接受并得到研究，那会是一件极好的事。

今天的女权主义

1964年11月20日，给进步联盟做的演讲的草稿。

这是我近些年来做过的最危险的一件事。很自然地，我实际上并不会选择这个题目，但是我却十分愿意冒着任何可能的风险，来做一番个人论述。

我是否可以想当然地假设男人和女人并不完全一样，每个男人身上都有女性成分，每个女人身上也都有男性成分？为了形成关于性别之间存在的相似性和差异的描述，我必须有一些基础。如果我发现这里的听众并不同意我的这些基本假设，那么在这里，我为另一场替代性的讲座留出了空间。我先暂停一下，以防你们宣称两性之间没有差异。

我的这一主题在任何情况下都会是一个很广阔的主题，我的演讲无法完全覆盖我所知道的一切，或者我认为我知道的一切。对任何一个人都很重要的事可能会隐藏在我并没有提及的那些事情当中。

发展路径

很自然地，我倾向于从个人发展的角度来讨论这个主题，这种发展是从"开始"这个词一直到老去、离开人世。发展是我尤其精通的领域。我不会为男人是否比女人更美而烦恼，也不会担心在女性身上使用"漂亮的"这个词是合适的，而在男性身上需要使用另一个词，比如"结实的"。所有这些都留给诗人们去解决吧！

实际上（如果你知道我说"实际上"是什么意思），男人和女人都有他们自己的形态。当一个男孩总体上想成为一个男人，或一个女孩总体上想成为一个女人的时候，一切都是顺理成章的。然而，人们最后发现的情形绝不会永远如此。当一个人考虑到深层的感受和无意识时，可能很容易发现一个强壮的男性渴望成为一个女孩，或者发现一个享受着美好床上时光的少女，无时无刻不在嫉妒着男性。实际上，各种程度的交叉认同都可能发生，麻烦主要来自这些令人尴尬的事情能够以怎样的方式真正隐藏在被压抑的无意识当中。对于精神分裂的人来说，更糟糕的是人格的分裂将男性元素和女性元素分割开或将整体功能同局部功能分割开的那种方式。

让我从以下五个比较主观的层面来讨论它：

1. 大多数男性成为男人，大多数女性成为女人，但是我们还需要考虑各种情形——异性恋、同性恋和双性恋。

2. 青春期有一种缓慢的节拍，在这五年左右的时间里，我们一定能料想到十几岁的孩子在稳定下来成为男人或女人之前，会尝试各种可能性。

3. 在青春期前期，很大一部分孩子会显示出从自身性别向相反性别的短暂摇摆。

4. 在潜伏期，没人会在意一个女孩子穿着牛仔裤，但是因为一些原因，人们会希望男孩看起来像男孩的样子，去做男孩子气的事，比如打架、拉帮结派。但如今，男孩子们只要愿意，也可以很有母性和创造力。潮流一直在变化，没有人能预测下一个十年是怎样的。

5. 幼儿期后期是一个关键阶段，我们看到大多数孩子（除了那些因为精神失调而不断折腾的孩子）都会有一个被异性父母强烈吸引的阶段，并因为矛盾心理（也就是爱恨交织）而和同性父母关系紧张。有些人会在其父母身上找到对应的因素，而有些人不会。

在这里，我们假设一种幻想中的人生：这些孩子会做梦，会游戏，他们会想象并利用他人的想象，他们的整个生命都非常丰富，感情充沛。很明显，这在很大程度上依靠概率事件。举例来说：

· 可能一个男孩很爱他的父亲，但他的父亲因为压抑了天然的同性恋倾向，所以面对孩子时很害羞并且无法做出回应。那么这个男孩可能就被剥夺了父亲。这会让他无法在异性恋关系中自由施展，因为在与父亲的仇恨关系中，他不能放开自己。

· 或者，一个女孩爱着她的父亲，但是她的母亲贬低所有男人，毁了这一切。那么这个女孩就会错过与父亲的亲密时光，而将注意力转移到哥哥身上。

· 一个女孩或一个男孩因为女孩大一岁而感到痛苦，因此性别需要被调换了过来。

· 一个男孩在家里兄弟四人中排行老三。这第三个男孩承接了父母想要一个女孩的全部期待。他会倾向让自己进入一个被分配的角色中，不论父母多么努力地去掩藏他们的失望之情。

换句话说，父母的天性、孩子在家里的排行和其他一些因素都会对其模式产生影响，并扭曲俄狄浦斯情结的经典情形。

那么我们来看看更深的，也是更早的、更原始的机制。婴儿是如何接受他们自己的身体的？一部分是通过兴奋的体验，但是那些在与人的关系中、与爱的关系中以及与身体功能的关系中体验过勃起的男孩和体验过阴道唤起的女孩，和那些没有这种整合体验的男孩、女孩是处在不同位置的。这在很大程度上取决于父母对所有自然现象的态度。有的父母没能像镜子一样映照出客观现实，而另一些父母则在孩子的体验仍处于萌芽状态时刺激了他们。

一个具体的细节

有一个细节必须被单独考察，那就是男性器官的特质是暴露在外，而女性器官则相反，其特质是隐藏在内。我们谈论女权主义时是不能避开这点的。

弗洛伊德发明了"性器期"这个术语，这指的是完全生殖期之前的一个阶段。我们可以把它看作一个炫耀和卖弄的阶段。毫无疑问，女孩子们在经历这个阶段或者说在经历与女孩这一身份相对应的时期时，的确会有一点困扰。会有一段时间，她们觉得自己低人一等，或者觉得自己不够完整。这一创伤根据外部因素（孩子在家里的排行、兄弟们的天性、父母的态度，等等）的不同而有所区别，但是不能否认的是，在这个阶段，男孩有的，女孩没有。在一些偶然的情形下，女孩会嫉妒男孩小便的方式，就像她们羡慕男孩会勃起一样。阴茎羡嫉是一个事实。

到了接下来的完全生殖期，女孩就与男孩平等了。她变成了重要人物，被男孩嫉妒，因为她能吸引父亲的注意，也因为她会有孩子（最终意义上的孩子——或是她自己的，或是通过代孕得到的）。在发育期，女孩的胸部会变大、会来月经，所有这些神秘的事情都是属于女孩的。

但是弗洛伊德至死都坚持的一点是对的，那就是如果我们忽视了性器期女孩感到自己"低人一等"的创伤对她们的影响，那么我们会丢失一些很重要的东西。（有些分析师曾试图证明弗洛伊德在这点上是错的，并且认为弗洛伊德正是因为自己在女人面前炫耀卖弄，才把这个难题强加在人性当中的。）

女孩们在性器期承受的这种创伤的后果有下列属性：

1. 过度看重勃起的阴茎在展示和支配上的价值。
2. 嫉妒男性。
3. 幻想有一天会发育并展示出阴茎。
4. 幻想阴茎曾经是一个样子，但是现在不再是那个样子了。
5. 女孩存在的妄想是阴茎是存在的，她们否认男性和女性在性器期的区别；男性存在的妄想是女孩有阴茎，只不过被藏起来了。这解释了为何康康舞①、脱衣舞等表演如此吸引人。

---

① 以高踢腿为特征的群舞，起源于法国，最初由男性跳，后来逐渐被女性模仿。——译者注

所有这些都为施虐受虐的组织提供了养料，而有些性倒错是精心设计的尝试，目的是带来某种形式的性结合，尽管存在着女孩也有阴茎的妄想。

在这一点上，存在着女权主义的某种根源。如果女权主义当中有很多别的内容，并且逻辑可以被引入女权主义所做和所说的很多方面，那么我其实也做不了什么。女权主义的根源在于既存在于女孩中间也存在于男人中间的普遍化的妄想，其内容是女性有阴茎。这种妄想还出现在某些特殊地固着于性器期的女人和男人身上，也就是固着在获得完全生殖性之前的阶段。

或许，从社会学的角度来说，最糟糕的部分是这种大众幻想的男性一边，因为它令男人们强调了女性人格的"被阉割"一面，这就带来了一种认为女性劣等的信念，从而大大激怒了女性。不过，我们也别忘了，（如果现场有女权主义者的话）男性对于女性的嫉妒要更多，也就是说，男人嫉妒女人全面的能力，关于这点，我们以后再谈。

我希望人们将来能了解到这是一个普遍的问题，不管是在正常人身上，还是不正常的人身上都是一样的，只不过对不正常的——有神经官能症的——人来说，因为有一定程度的抑郁，他们没有游戏和幻想的施展空间。也就是说，整体当中的一些方面是无法被用在自我表达上的，也无法被并入人格发展结构。然而，我要指出的是，从发展的角度来看，人类需要一些健康的成长才能达到阴茎羡嫉的阶段。

那么，我们就可以说女权主义内部有着或大或小程度的非正常状态。在一个极端上，它是女性对充斥着性器期男性炫耀的男性社会的抗议；在另一个极端上，它是一个女人对于她在身体发育的一个阶段中真实存在的"下位感"的否认。你们会理解我知道这种简单的论述是不充分的，但是或许它可以作为一种尝试，让我们把一件错综复杂的事情集合在一个由几句话组成的指南针当中。

让我们继续用发展的视角去看这件事，当性器期到来时，画面中的小女孩或小男孩处于一种什么状态呢？通常，对于那些在更早阶段有过匮乏体验（比如妈妈的母乳不足）的小孩子来说，他们会对似乎由性器期提供的第二次机会感到兴奋——男孩女孩都是如此。从这点上看，我们可以分出两个群体：那些在更早阶段有过非常充沛的体验、现在到达性器期的男孩女孩，以及那些带着相对被剥夺经历或严重被剥夺经历到达性器期的男孩女孩。对于那些经历过剥夺而来到性器期的孩子来说，性器期的重要性是被夸大的。从这个角度或其他角度看，在这个或其他任何阶段所出现的麻烦都有一段前传，当然了，我肯定不能忘了提及病理遗传的倾向。

当精神分析师治疗病人时，这些都是他每天要面对的，可是它们在与治疗无关的一般性讨论中（比如这次演讲）并没有多少价值。人们必须接受他们现在是怎样的以及他们个人发展的历史，还有其所在地的社会态度和环境的影响，他们必须与人生和生活达成和解，尝试以一种相互促进的方式与社会交织在一起。

这些在非正常情形下会固定下来的东西在健康状态中是被全部呈现出来的，但是我们找到了一些方法来隐藏这些原始元素，同时又不会与这些原始元素失去太多联系。例如，对幻想的使用。

幻想和内在精神现实

就像漫画书之于孩子，对有些人来说，幻想意味着一种可被操控的事物。但是幻想会在个人内在精神现实中走得很深，而个人内在精神现实是个体人格至关重要的一部分，除非疾病导致个体没有内部世界，并因此没有内在精神现实。成熟有一个特征（也是健康的特征），那就是个人的内在精神现实始终充盈着各种体验，并且这个人实际生活中的体验对于他来说始终是丰沛而真实的。从这一点来说，日光之下无新事，一切都能在某个人身上找到，而且这个人能够感受到真实性，无论实际的和可以发现的是什么。

那么，在健康状态下，一个女人就能够通过对男性的认同，在想象中找到一种男性的生活体验。在最原初的认同形式中，女人可以利用男性获得一种好处，也就是将她的男性特质交予对方，并体验到她的内在，从而体会到作为一个女人的感觉。反过来，男人也可以这样利用女人。

对异性的嫉妒

这些都引导着我做出如下论述：*为了充分欣赏自己的女性身份，一个人必须做一个男人，而为了充分欣赏自己的男性身份，一个人必须做一个女人。*

对异性的嫉妒为我们提供了一个解释，它在很大程度上说明了为什么那些严重依靠本能生活的人会有挫败感。这里指的是大部分在发育期到五十岁之间的人。对这种挫败感的缓解来自文化生活，在文化生活中，两种性别之间几乎不存在关联。

有些婚姻会在二人相爱阶段的末期破裂，因为此时交叉认同变弱了，男人对于女人身为女人的嫉妒与女人对于男人身为男人的嫉妒完美匹配。于是这两个曾经相爱的人开始互扔盘子。扔盘子的时候，他们是平等的。之后他们可能会形成新的伴侣关系，交叉认同使他们重建了自己。有的时候正是餐具拯救了我们。

孩子会很难容忍这样的事情发生在他们的父母身上，但这也无济于事。父母双方的武装力量如此强大，以至于当他们用扔盘子来代替性交或分别保存餐具时，只有在后代中才会有伤亡。

我们很容易看到，一个非常甜美的男人要么会驱使他的女性伴侣产生一种对很有男子气的男人的强烈需要，哪怕那个人是个可怕的男人，是一个粗鲁的、残忍的、没有人喜欢（会喜欢）的人。不然她就回到她自身的男性特质上去，夸大她潜在的女权主义的部分。不过有母性的男人会很有用。他们会成为很好的可以替代母亲的人选，这对女人来说会减轻不少负担，特别是当她有好几个孩子的时候，或者当她生病的时候，以及想回到职场的时候。而且，很多女人也希望她们的男人能够对她们自己多一些母性。在母爱方面，谁没有过一点被剥夺的经历呢？女性的友谊又因为存在着对同性恋问题的恐惧而难以得到充分利用。

这些都说明一夫一妻制的实践有多么困难。或者说，难道那只言片语的基督教教义真的不可能忽视太多东西吗？不过人们确实想要看到他们维系了一份持续一生的亲密关系，因为从积累的共同经历中，人们有太多可以收获的。但是如果我们看一看人们的挣扎，就会发现，如果他们有一个相对不那么重要的个人内在精神现实，对现实生活的幻想化解读因此受到限制,文化方面的参与也发展得很有限,那么他们就会处于一个多么不利的位置上。当一对夫妻对彼此的爱意退去并开始进入婚姻游戏的第二阶段时,文化生活会对他们有所帮助。

女人和女人们

现在我想跳到这个广阔主题里一个有时被忽视的方面上来讨论。在男人和女人之间,比起在喂养和性当中输送端和接收端的这种不同,有一种差异更加重要,那就是,我们不可能回避一个事实:每个男人或女人都是由女人生下来的。人们曾试图摆脱这种令人尴尬的窘境。我们有着关于"产翁制①"的完整话题,在原始的丑角神话中出现过可以产下婴儿的男人。而且我们会经常看到人是从头部生出来的想法,我们也很容易从"受孕"这个词跳到"想到"这个概念上②。一个被构想的孩子是幸运的,这也是身体上受孕的结果。

然而,每个男人或女人都是在子宫中生长并被产下的,即使是通过剖宫产的方式。这方面的考察越多,我们就越有必要有一个名词"wo-man"(女-人),这样男女之间的差别才可能显示出来。我必须概括一些,因此我会通过描述我们思维中的两个阶段来更深

---

① 指现在世界有些地区还残留的一种生育习俗,丈夫在妻子分娩后上卧床装成产妇,扮分娩、坐月子、喂养小儿,而产妇则像正常人一样下地。——译者注

② 英文"conceive"一词同时有怀孕和构想的含义。——译者注

入地表达我的观点。

1. 我们发现，麻烦与每个人都曾在母体内并被生产下来的关系不大，而更多地来源于每个人在生命的最初都是依赖一个女人的。我们必须说，在最开始，每个人都绝对地依赖一个女人，然后这种绝对依赖渐渐变成相对依赖。似乎你我的个人精神健康模式就是在最开始由一个女人所奠定的，她做了她必须做的，做得也足够好。在这个阶段，如果要使爱对婴儿来说有意义，就只能用身体来表达。所有人生下来都有朝向成熟的遗传倾向，但是如果这些要起效，就必须有足够好的促进性环境。这就意味着要有一个人能够非常敏感地去适应婴儿，这个人是一个女人，通常是母亲。

2. 比这更深入的是婴儿的体验。刚开始，这种体验与这个女人密切相关，因为婴儿还不能把母亲提供的环境、敏感的抱持与喂养和他自己分割开。自我还没有被区分出来。因此，依赖是绝对的。

对于一个现实中的男人或女人来说，要真正接受这个事实——先有绝对依赖，然后才有相对依赖——是非常困难的。因此，有一种分离出来的现象，我们可以称之为女-人，这在整幅图景中起着支配作用，影响着我们的全部论述。女-人也就是那个在每个男人和女人生命的最初阶段还没有被确认的母亲。

接下来，我们就可能找到一种新的方式去论述性别间的差异。女人们内在天然地用认同的方式去处理和女-人的关系。对每个女人来说，都有三种女人：（1）女婴；（2）母亲；（3）母亲的母亲。

在神话中，这三代女人不断地出现，或者出现三个具有不同功能的女人。不论一个女人是否生了孩子，她都会处于这个永恒的序列中：她是宝宝、母亲和外婆；她是母亲、宝宝和宝宝的宝宝。这可能会让她很有欺骗性。她可以是一个甜美的小女孩，来抓住男人的心，然后又变成一个强势的妻子、母亲，最后成了和蔼的外婆。这其实都是一样的，因为她是以这三种女人为开端的，而男人出发时就带着一种成为一个人的强烈渴望。一个就是一个，只有自己，并且永远也不会更多。

男人无法做到与家庭或种族融合而不违背自己的全部本性，而女性可以。处于疾病中的男性可能做到这一点。我知道有一个男人（一位病人）非常早地就将他自己与女性相认同，实际上是乳房认同。那时他的魅力实际是一种乳房功能。在生活里，他没有男性朋友，只有他自己。他和女人们相处得很好，他几乎被自身的男性生理功能所阉割。但他在任何方面都不是一个快乐的人，他艰难地治疗了很多年，试图实现他男性身份的归一，并和女性分离。当他发现他独特的男性自我后，他开始变得能够用一种新的方式和其他独一无二的男性发生联系——也就是说，他开始有了男性朋友。

我想说说女权主义的女人看起来似乎嫉妒男人这件事：男人越成熟，就越独特。有些男人会嫉妒女人不需要解决个体与女-人的关系这个问题，因为她们是女人，也是有魅力的人、引诱者，是无助的能够成功唤起男人骑士风度的人。（那些哭喊："昔日的骑士在哪里？"）

爱冒险的人

现在我想请你思考一个新的细节：为什么男人爱冒险？如果你想停止战争、交通事故、对珠穆朗玛峰和火星的征服，或者想遏制拳击运动，但是又不去仔细看看男人们到底在做什么，那么你一定会无功而返。

女人们——她们全部都凭借着向过去的、现在的以及未来的女性认同的力量——经历了生育孩子的风险。假装生孩子没有危险是没有益处的，麻醉自己对我们在这里的主要论点——在女性的天然功能中，危险是固有的——毫无贡献。男人嫉妒女人的这种危险；不仅如此，他们还感到内疚，因为是他们造成了怀孕，然后就安然无事地坐在那里看着女人经历这一切，不止生产，还有因为分娩而受到的所有约束和那些为了照顾婴儿而承担的限制自由的可怕责任。所以他们也要去冒险，而且他们永远都会这么做。有些人会觉得自己像疯了一样被驱使着必须去冒险。他们想要得到一种平衡。但是当一个男人死了，他就是死了，而女人则一直活在过去，也活在未来。男人如草。

所以男人也有他们自己的麻烦。关于战争的一件可怕的事情就是，我们常常看到那些幸存下来的男人不得不承认：正是在冒着死亡风险的过程中，他们找到了成熟，包括性的成熟。所以，如果没有战争，男人就会发现他们就像被搁浅在水中央一样；然而，他们从来都讨厌自己被干掉，除非他们对原因非常确定。

结尾

我刚才谈论了一些主题,它们都围绕着"女权主义"这个词并且属于普世的男性—女性互动领域。还有很多内容可以讲,但这并不是一件羞于启齿的事情。我们看得越多,我们了解的就会越多。

避孕药和月亮

1969年11月8日，给进步联盟所做的演讲。演讲仅通过对活动本身的记录这一方式被留存了下来，所以请读者了解其行文会有些不规范。温尼科特一向很喜欢给进步联盟做演讲，进步联盟的人也喜欢听他的演讲。这一点在录音中体现得非常明显，观众们很活跃，不时发出笑声，做出各种反馈。然而，在几个片段中，观众的声音使温尼科特说的话变得有些模糊，更困难的是单词和词组的重复，以及句子中出现的感叹词。温尼科特使用感叹词的原因可能是当他面对公众突然接近一个如此困难并且如此严肃的主题时，会有疑虑。因此，我们需要对演讲做一些编辑，但是我们主要对语句重叠的地方进行了编辑，没有使用演讲者自己没用过的词和短语，并且严格遵循了素材本身的次序。

　　这篇演讲原来的标题是"避孕药"。不过，温尼科特在结尾提到了他做的一个梦，还有他结束演讲时说的那些话，都很自然地把我们引向了他写的那首关于1969年7月登月的诗歌。我们把这首诗放在了最后，并且为了向它致敬，我们对演讲的标题也做了更改。

实际上，你们知道，我还从来没吃过避孕药，而且我对避孕药知之甚少，但是当我被邀请谈论这个话题时，我觉得这个想法非常好。这似乎一开始就正好是我想做的事——来谈论一下避孕药和那个进步的我。

我发现我缺乏的是某种政治宣传导向。如果你有某种倾向并为之付出了极大的热情，是挺好的一件事，因为这样你就能盼着因为你说的那些话，没有人会再吃避孕药了，或者人人都吃避孕药。

几年前，我确实献身过一次——我为《新社会》①写了一篇关于度过抑郁期的文章，文章主要讲的是青春期。在当时，这篇文章确实颇为高阶，因为事情变化得太快了，不是吗？大概十年前，人们都在说避孕药很快就会变得安全、容易获得，这会改变青春期的生活场景，也会改变所有父母的生活场景。嗯，确实是这样的，而且你几乎无法回忆起它是什么时候进入我们的生活的。在这里，一件有趣的事情是去想一想它如何通过想象被嵌入了事情的计划中。我猜，在关于这件事的想象的这一面向上，我们还没有真正完成家庭作业。

后来的一天，我终于可以踏实一会了——那天我几乎没什么病人。我坐在地板上——这是个坐着的最佳地点，手拿着一支圆珠笔和一张纸，思考起来：现在我要为周六的演讲写个提纲出来。这很简单，因为我知道我想说什么，我也知道局限是什么，还有你们写给我的那些，1、2、3……结果一整天，我什么也没写出来！唯一浮

---

① 1963年4月25日。参看《青春期：一场穿越忧郁的挣扎》，刊载于《家庭和个人发展》，伦敦，塔维斯多克出版社，1965年。

现出来的是一首诗。现在我要念给你们听，因为这首诗让我自己感到很惊讶。其实我不会写诗，所以真的，它完全没什么用。我给它取名为《沉默的杀戮》：

> 哦，这药片真傻，因为没人生病！
> 为什么不等一等，直到你知道上帝的指令？
> 空了的，终会再被填平，
> 孕育的山丘，会被摧毁至凋零。
> 男人！要有你的主见，把事情搞定；
> 姑娘！收下他给你的那一份安宁。
> 别害怕满溢，你知道这是场演练，
> 你知道这是安静而沉默的杀戮……药片。
> 所以，拿好我的意见，
> 不要随随便便地对待这个傻傻的药片，
> 只要静静等待，看看会有什么改变！
> 然后为这笔账付钱。

当我开始动笔的时候，我脑海里出现的内容就是这样的。它让我想起用一块木头做东西。就好像一开始你想着"我要用一块木头做一件作品"，然后你找到了一把凿子、一块榆木，你这样做、那样做，突然，你发现一个女巫的塑像出现在你面前。这不意味着你当初想的是女巫，而是进行中的活动改变了你正在做的事情，于是你令自己都感到惊讶。你发现你做了一个女巫，因为榆木让事情向这个方向发展。你可以把这件事转换成任何你想要的情形——以任何艺术形式,即使最后的结果像我的作品一样,是一首蹩脚的打油诗。这会让你为自己感到惊讶,因为你做了一件你之前没有想过的事情。所以,我们先把诗放在一边,看看它身上会发生什么事。

现在我们回到事情的另一边:逻辑,严肃的逻辑。我们的大部分生活都如此无聊并被严重简化了,因为我们忘记了无意识,把它丢在一旁,或者仅在星期天早上把它捡起来。我们寻找符合逻辑的答案,也不得不这么做。我们是开化的文明人,使用的是我们的智商、头脑和客观性。我们已经有能力看到2000年的时候世界上会有多少人,以及什么时候(精确到天)印度会人满为患——我们甚至不用亲自去一趟印度。我们还能想到哪一天伦敦会人满为患——在机动车方面,我们已经是这样了。

因此,我们能够从逻辑的角度去思考这样一个问题:完全不管人们是否有能力负担,就让无数个家庭出现,让我们的国家有太多孩子,这符合逻辑吗?我们会说:不,不是的。那么,好,那就每对夫妇只能有两个孩子,或者三个,以防有一个有唐氏综合征或者死于脊髓灰质炎。然后你就可以说:"我们要四个孩子吧,因为万一我特别想要一个男孩,又连着生了三个女孩呢?"不管怎么样,数量都会继续增长。很快你就会回到起点,只要他们被生下来了,你就会继续生。或者,你会发现你开始对压抑有一种倾向——你的性压抑说不定会导致你根本没有孩子,然后你会突然意识到你正在谈论的是纯粹的无意识。在某种意义上,性压抑和性冲动一样有趣,一样有建设性,对社会有一样多的贡献。所以我只是在描述二者，并且希望结果不会太糟糕。

关于这个主题，你们已经思考了很多，我也没必要来填补你们已经知道的事情。我们正在讨论的是世界人口，是赚钱和养家糊口的能力，是我们是否愿意把孩子扔到教育的大水池中，或者我们是否必须有能力把他们送到我们认为适合这个特定的孩子但不一定适合其他孩子的学校里。一切取决于我们是否把事情想明白了。感谢上帝，我们长了脑子，能够把事情想明白，也能够在此基础之上采取行动。这件事的逻辑把我们直接引向了一个事实，那就是我们不去应付无穷无尽的孩子才是万全之策，而有些说出这个观点的人可能自己都生了一群孩子了。处理把事情想明白这件事和处理真实发生的事都是有某种方式的，我们注意到二者之间的相关性并不非常高。把事情想明白，我们会看到发生了什么，然后这两件事被以一种新的方式关联了起来。

所以，现在，我们一起来看一个案例。这是一个16岁女孩的案例，她想从我这里得到的是：我可以告诉她，她在出生时受伤了。她出生时有缺陷，因为有脐带绕颈的情况，所以浑身青紫。她差点死掉，当她恢复过来时，毫无疑问，她的大脑已经受损了。她并没有被毁掉——她只是人格的深度有限，而她一直都在与之斗争。她一进入学校，不论是何种学校，每个人都告诉她："如果你再努力一点，你就能做得更好。"于是她试了一次又一次，但是没有人告诉过她："其实不重要。"她身材丰满，很吸引人，正当16岁花季，而且很自然地在情感上很早熟。她来的时候拿了一本书，她说："我正在读这本书，我觉得它写得很有意思。"那的确是本有趣的书，但是你知道她很难看到你和我会在书中看到的那些，因为她就是还不能理解它们，她也并没有真正地理解。

我们玩了画线游戏（两人轮流在纸上画出线条，直至形成某个图形），你来我往的。她的某一笔很明显是一个脑袋和一个身子，并且在画中有一条像是脐带的线。我就说："有一条脐带在这个孩子身上，有一条绳子绕住了那个人的脖子。"你看，这是在游戏过程中偶然出现的。然后我们继续玩，这时她对我说："对了，我出生的时候脐带就绕在脖子上了。"人们是这样告诉她的。我说："哦，你看，我们把这事画出来了。"她说："哦？是吗？"她并没有往这方面想，但是它就像这样出现在了游戏过程中。我在做调查的时候发现，这确实是一件真事，并不是家族中的传说而已。所以我们回到这件事上，我说："你看，（我完全没有保护她）你出生的时候脖子上绕着这个东西，你浑身发青，身体受到了损伤，但是尽管如此，你一直很努力。你大脑的能力是有限的，但是随着时间的推移，你有时候也确实会取得一些进步。那么，如果你愿意等，你可能就会发现，你有能力对此做点什么——我现在也不知道这到底是什么。但是事实就是，你的麻烦并不是你不够努力，而是你有一个受过伤的大脑。"然后她回家了，她的反应是对人们说："我觉得终于有人能理解我了。"从一个极其复杂的情形里，简简单单地出现了那样一件事，而从那里开始，她以一种不同的方式向前迈进了。我和她形成了非常好的关系，她现在能够使用我了，我也让她得到了照顾，好让她过上正常的生活，同时又没有任何人期待她做出她无法做到的事，因为做到这些事需要她在人格上和智力能力上取得深入的成就，而这是她难以企及的目标。

她偶尔还会陷入剧烈的危机中，而这会令她的家人和她周围的每一个人感到不快——甚至包括她的宠物。她的父母没办法让她住在家里——尽管他们非常喜欢她，但是他们无法忍受当她忍耐的能力达到极限时，一家人的生活突然被她打乱。所以有一天我接到了电话，他们请我过去看看她。我立刻去了，这次确实是一次严重的危机（现在我们要讲回避孕药了）。她去参加了一个聚会。她本来想要推掉不去的，因为她很吸引人，总是立刻被人注意到，然后接下来的十分钟她会和人聊得很愉快，聚会也很棒，但是再后来会发生什么呢？她还没有能力掌控接下来的一切。对于自己喜欢什么、不喜欢什么，以及什么是对的、什么是错的，她有非常明确的想法，也有非常强烈的直觉，但是这一次，她发现了一个她喜欢的男人。这一点很重要，因为这让她很难拒绝他。所以，在聚会结束后，如果她没有和他上床，她就根本不会知道该如何应对挫败感和这整件事，而且她确实还没有能力在梦的工作中或以其他方式去应对这些。她和他待了一整夜，但是她拒绝了他，他也尊重了她。可她非常痛苦，因为一方面，她对他没有强暴她并承担全部责任感到失望，而另一方面，她又很敬佩他，因为她知道，如果他的朋友发现他一整晚都和她在一起却没有发生关系，他们会嘲笑他的。所以他只能回到自己的住处，要么撒个谎，要么说："嗨，是她不想要。"而这没有什么好处。她尊重这一切，但她有被撕裂的感觉，陷入一种最糟糕的状态，让家里所有人都坐卧不宁。他们不清楚状况，只知道他们对这种事已经见怪不怪了。碰巧的是，那个男人是一个非裔黑人，而这在她的家人看来并不会让事情有什么不同。这并不是问题的核心。尽管得到一个黑人男性让她很兴奋，但这是另一个讨论范畴的事了。

所以，当这个男人表现得不错，她却因为他表现不错而疯了一般地生气，同时又感到大大地松了一口气——她陷入了一种她自身无法容纳的冲突之中。

后来她说："你知道，这里的麻烦其实和性没有任何关系，而和避孕药有关。我的朋友们都有避孕药。如果我没有，我就会觉得自己低他们一等，而且很幼稚。"她的父母曾说她不可以吃避孕药或者使用任何避孕工具，除非她和一个新的对象重新开始，并且她愿意和他一起住并接受治疗。她的父母觉得这是一个搪塞她的好办法，所以他们说："你还不能吃避孕药，也不能使用避孕工具，你要做的就是管好你自己。"真的，关于这个女孩的重点是，避孕药在她16岁的时候扮演了一种完美的身份符号。似乎她只有有了避孕药，一切才会好起来。这些人觉得要发生不同寻常的事情，一切才能好。她说："如果我有避孕药，我也不会吃，你知道的，但是我必须有。如果他们说'你不能拿着那个，你才16岁'，那我一定要得到它。我能搞到避孕药，然后我也会吃了它，这就是这件事的结局。"这就是她的状态，因为一切都被这样一个事实夸大了——她的内在现实还没有达到这样一个深度来帮助她解决这些问题。当她有一天从这里出发，走向她向往的好的、可以理解她的地方时，她来找我了，并对我说："我度过了我一生中最快乐的一天。"我说："那天你做了什么？"我猜想她一定遇见了很多黑人男子。她说:"我们沿着一条很美的小溪向下走,一起抓住了小蝌蚪。"可是在她看来,没有避孕药、也不被允许得到避孕药仍是她没法应付的事。一切都被夸大了。对于我来说,似乎我们有时候可以用那样的方式去看待和看到事物。

我还想再谈一个例子。一个很聪慧的女人定期来找我,她曾经是一个被严重剥夺的孩子。她已经结婚了,也有了孩子,但是现在她离婚了,很孤独。因为坚持治疗,她的情况有所改善,她放松了一些,所以出现了一个男人,邀请她出去吃晚餐。好,现在她自由了,她可以出去赴约了,她感到非常高兴,她也挺喜欢他。接下来,当然了——我不知道事情是怎么发生的——但是也不知道怎么的,他们发现他们正共处一室。她对我说:"我不知道如今人们都怎么想,但在1969年,大家似乎都觉得要依靠避孕药。我已经有10年没有想过关于性的事情了,我也不吃避孕药。他来的时候也没带任何避孕工具,所以当然了,我就只能依靠老办法,避开危险期。"但是你们看,这个想法是非常奇怪的。她其实在说:这是多么不寻常的一件事啊!这里有一个男人,他想和一个女人睡觉,并假设她吃了避孕药。这是1969年的语言,对吗?这两件事都属于以同一种逻辑看待避孕药这件事,即使这位女子很有洞察力并且能够以不同的方式去看待它。

我想做的事情是看看我能否向你们展示:在我看来,存在着一个未解决的区域;在这个区域里,逻辑没有被与感受、无意识幻想等捆绑在一起。这两者并没有很好地相互关联,也没有解决彼此的问题,但两者都要有,我们也必须忍受这种矛盾。当然,我们可以通过逃遁到被隔离开的智力领域里来解决任何问题。在那里，在某个地方，我们不受感受的影响，得到解脱；我们可以直接说这是"辩证的"；我们让此与彼相对，然后我们就能解决出现的任何问题了。或者如果我们现在解决不了，以后也能解决。但是，如果我们不逃遁到被隔离开的智力领域，难道你不觉得你不得不说"好吧，有些问题是无法解决的，我们得学会承受压力"？这就是我想通过那个因为出生时脑部受损而受限的女孩说明的问题。她发觉她很难承受那种压力，而我们通常都携带这种压力生活。这种压力让我们怀疑每一件事，并让我们重视怀疑的价值，因为确定性和理智听起来很无聊。当然，疯狂也是无聊的，然而，在某种程度上，有件事是大多数人都能忍受的，那就是——不确定性。

现在我想讲的是一件令人吃惊的事情，只是你其实已经对自己说过了，所以我说的并不是什么著名的或原创的话。我要说的是，我们正在谈论的是杀死婴儿，不是因为婴儿不正常、有唐氏综合征、痉挛性麻痹症或其他缺陷。对于这些有病的孩子来说，只要我们愿意保护他们，他们就会得到特殊的照料，我们也会互相帮助。我们讨论的是在这些病症之外的对婴儿的杀戮。这是一个非常艰难的话题，而且我们会立刻发觉我们并不希望事情是这样的。我们正在讨论的是马尔萨斯①的逻辑学和关于它的常识。我们其实不想为

---

① 1766—1834，英国教士、人口学家、经济学家。马尔萨斯以其人口理论闻名于世，他认为人口按几何级数增长，而生活资源只能按算术级数增长，所以不可避免地要导致饥饿、战争和疾病；他呼吁采取果断措施，遏制人口出生率。——译者注

这些事而烦恼，但是我想说的是，我们不一定要为这些事烦恼，不是吗？

我小时候养过老鼠，如果我抱了新出生的小老鼠，大老鼠就会想"好吧，我要把它们抢回来"，然后它会吃了它们，再接着生。猫也会这么做。我觉得狗不这么做，它们已经被训练了一百万年以去除狼性，所以它们已经被驯化了，除非有狂犬病的狗。在我看来，我的宠物老鼠似乎是在解决问题，她在说："我不需要避孕药。因为如果我觉得这些宝宝没办法拥有一个良好的成长环境，只会落入那个男孩的臭手里，嗯，那我就把它们都吃了吧，然后重新开始。"极其简单。我相信澳大利亚土著曾经一度出现过吃孩子的现象①，但我不确定，因为这些事情太容易和神话纠缠在一起了。这是他们解决人口问题的办法。而且，他们吃掉孩子不是因为他们恨这些孩子。我要说的是，当环境看起来不足以抚养那么多孩子的时候，人们总会找到这样或那样的方法。到目前为止，这个世界实际上已经有了一套非常好的方法。人们会因为痢疾或者别的原因像苍蝇一样死掉，但是现在医生会说："你用不着因为痢疾而死，用不着因为疟疾而死，你根本不用死于任何传染病。"所以我们必须想出其他方法解决人口问题，因为我们再也不能把这个问题留给上帝了，也就是说，不能指望上帝去杀人了，尽管我们当然可以来一场战争，这样人们就可以互相屠杀了。

---

① J. G. 弗雷泽在《金枝》中提到，新南威尔士的一些部落有吃掉生下来的第一个孩子的习俗。

如果要保持逻辑性，我们就会谈到一个非常困难的话题，那就是：我们要杀死哪些孩子？孩子从哪个年龄开始成为人？大部分人同意的是，足月出生的孩子已经是人了，我们不能杀死他们。所以我们会谈到孩子出生之前的阶段，我们会说："我们不能杀死能够存活的胎儿。"嗯，然后我们去问医生："多大月份的胎儿可以存活？"他们会说胎儿在这样或那样的阶段可以成活——体重是2千克的时候、1.5千克的时候、1千克的时候……数字就像拍卖中的数字一样逐渐减小。我们就这样接受了医生的建议来判断哪种情况算谋杀。然后我们会再提前一些，我们会说："好吧，做人工流产吧！我们已经决定了。"

就在刚刚，我向一个女孩提供了建议。她结婚了，很幸福，但是实际上她难以安定下来。当她的丈夫被选派到远东的时候，我知道她无法应付这样的状况。所以，当她给我打电话的时候，我并不惊讶。她说："你看，我怀孕了，可是我并不喜欢那个男人，我不想破坏自己的婚姻，那简直太可怕了。"我无法立刻联系上那个爸爸，所以我建议她去做流产。所有人都符合逻辑地庆幸我这么做了。当那个女孩的丈夫回来后，她自己也为他做好了准备，他们生了两个孩子，他们的家庭也没有因为一点风花雪月的事带来的一个小小的外人而受到干扰。

现在，所有事情都如此符合逻辑，但是那个女孩怎么办？她还是因为谋杀了那个在她身体里已经三个月大的孩子而感到非常难受，但她还扛得住。因此我还能和她讨论这件事，她自己也知道她为这件事感到难过。这里就不那么符合逻辑了，对吗？谋杀已经发生了。我们在讨论的其实是一件非常可怕的事情。

如果我再往前谈一点的话，我就想起了一个女孩，她在18岁的时候被要求去一家精神病院帮忙。这家医院非常热衷于帮助医院里的年轻人，他们让她和一个男孩保持密切接触。这是一个精神分裂症病人，我可以向你保证，她对他的帮助非常大。只是，最后她怀孕了。她的母亲认为医院实在太不负责任了，于是不再允许她去那家医院帮忙。然后我们说："好的，这个女孩必须尽快把这个孩子拿掉。"于是我做了安排，还推动了一下这件事。因为常常会发生的情况是，医生会说："再考虑一下吧！"两个月之后，她回来了，她的母亲已经开始倾向于要这个孩子了，而且如果这时候再做流产，伤害会很大。通常这时候反悔已经太晚了，所以这个女孩就怀上了一个她并不想要的孩子，这个世界也多了一个不被人欢迎的孩子，而这是一个很可怕的问题。不管怎么样，我急匆匆地反复沟通去处理这件事，甚至顾不上别的事情。最后，这个女孩在她开始想留住这个孩子之前做了手术。现在她已经没问题了，她对这一切也不觉得内疚，因为事情已经结束了。现在她打算和那个之前得过精神分裂症的男孩结婚，他们还计划当感觉可以安定下来的时候就开始要孩子。

我请求大家，当我们仍然沉浸在极端的逻辑之中时，也保留对事物的情感上和幻想的一面。因为我虽然绝对相信客观性，相信要把事物看清楚后再采取行动，但是我不相信我们应该通过忘记幻想——无意识的幻想——来把事情变得无聊。然而无意识的幻想并不那么受欢迎，公众是最不能忍受无意识幻想的。极端的逻辑给我们带来了避孕药以及对它的使用。我知道这使生活发生了很多变化，我们的世界也会用得上这些变化。但是我想表达的是，如果我们仅停留于此，那么大家都不会满意，而且我们必须看到，避孕药就是我所说的"沉默的杀戮"。我所谓的小诗包含了大量冲突，它解决不了任何问题，但是它让我颇为意外地找到了我之前根本不知道自己要说的内容——在想象中，避孕药是对婴儿的沉默杀戮。人们必须对此有所感觉。

我想提醒你们的是，我习惯于谈论这个话题，因为事实上我总是和孩子们打交道。就拿家里最小的那个孩子来说吧，我发现他或者她杀掉了所有没能在他们后面出生的孩子。我发现，他们当中的很多人要应对很可怕的罪疚感，他们觉得自己杀死了其他孩子。所以如果我们对孩子们生活中的幻想习以为常，也就会对这一切习以为常了。

你可能会认为我想说的是："好吧，我们会发觉避孕药是杀死婴儿的东西，那么理所当然地，我们就不要吃避孕药了。"可是我想表达的完全不是这样。我只是想说："我们当然要承认，有时我们在说'好的'的时候，就把婴儿杀死了。我们只是需要用非常得体的方式来做这件事。"我们这么做并不是因为我们恨他们——这不是关键。我们杀死婴儿是因为我们无法向他们提供可以让他们健康长大的环境，但是我们确实要处理一些与破坏有关的非常原始的东西。破坏属于客体关系。在恨之前，从某种程度上来说，客体关系是包含破坏的。

我自己的麻烦是，我发现如果我要把自己引向一个主题，就必须让自己全力以赴，并对这个主题保持紧张，而且当我需要在某地就一个主题进行演讲时，我发现自己会像其他人一样，做关于这个主题的梦。昨天晚上我就做了两个梦。在第一个梦里，我正在参加一个会议。它不像今天的这个会议，更像我今年没能参加的那个在罗马召开的精神分析大会。在那里，出现了一个大家庭，有男人、女人，还有孩子，人数众多。事情原本进展得很好，但是突然，"呼"地一下，在场景中出现了那一家人的女儿。她冲进来，一边到处走一边给酒店打电话："我妈妈的包丢了！我希望你能明白这一点，她也许能找回来，可是只要她找不回来，我们就都得帮她找！"于是所有人都放下了手里的事——不开会了，什么都不干了——开始找她妈妈的手提包。

所以，如果我们思考一下这些关于吃避孕药的想象性的内容，就会看到这里有一些我们必须忍受的事情。很不幸，无法避免的是，这涉及女性丢失女人味的幻想。

另一个梦我认为是一个有关男性的梦。这个梦让我感兴趣是因为梦里有一个非常美丽的白色物体，那是一个孩子的头部，但是它并非以任何一种雕塑的方式存在着——它是一件被以二维的方式呈现的雕塑品。在梦里，我对自己说："看，它上面的光影如此美丽，以至于我们甚至可以忽略它是否准确地刻画了一个孩子的头部，而去进一步思考它的含义，也就是光明与黑暗的意义。"在梦里，在醒来之前，我说："这与黑人问题中的黑与白一点关系都没有——它直接走到了这个问题的背后。它是关于人类个体身上的黑与白的。"就是这样。

然后——因为那段时间我经常在半夜醒来，我很喜欢月色——我看到，毫无疑问，那是月亮。我已经知道那就是月亮，因为我突然想道：哦，该死的，那上面有面美国国旗！之后，当我开始重新找回逻辑性时，我突然意识到，我们回到了月经以及那个说着"我还是得使用安全期避孕法"的女人的这个主题上。事实是，在这里，我们讨论的是一件与月亮有着极其原始的关联的事情，同时，我们还探究它与女人、与这个世界发展的整体方式的关系。最后我写道："当下我们的文明所面临的考验（这种考验每天都在变化）就是——我们，作为诗人，能否从美国登月这件事中复原？"歌中唱道："我给了你月亮，而你很快便会厌倦。"我绝对已经对月亮感到厌倦了。但是当诗人们重新开始为月亮吟唱，就好像它从未被人类登陆过一样——月亮总是意味着一些事，就如同当我们看着它，它对你我意味的那些事一样。我们看着它挂在半空，消长变化，壮观奇妙，神秘莫测——这时，我们才能回到我们可以弄明白它全部意义的时代，那个我们知道黑暗与光明的意义的时代。如果我们可以回到诗歌中，并且能从美国登月事件中复原，那么在美国人开始金星之旅之前，我们或许还能感到文明还是有一些希望的。这个被我作为结尾的论述是有些滑稽的，因为我真正在谈论的话题是避孕药，但是因为我从来没见过也从来没吃过避孕药，所以据我所知，它的样子看起来可能就像月亮。或许，这只是我的想象。

登月

一

他们说

他们到达了月球

竖起一面旗帜

显然,那是一面僵直的旗帜

(因为那里没有神明的呼吸)

二

聪明的恶魔啊

我恐惧

我惊慌

我怀疑

我出错

我晕倒

我跳跃,尖叫,大笑,粉身碎骨

而他们不会

三

什么月亮?

他们从头脑中腾出一块地方

在他们设计的计算机盒子里

在接近无穷大的复杂性里

探寻它的有限性

然后

他们把它踩在脚下

插上一面硬邦邦的旗帜

带回来几块石头

却不给孩子们玩

四

发生了什么变化?

这是人类胜利的形状吗?

是人类伟大的标记吗?

是文明的高峰吗?

是人类文化生活的闪光点吗?

这是树立起一个神的时刻吗?

他正沉醉于自己的伟大创造之中

五

不,我不要

这不是我的月亮

不是寒冷纯净的代表

不是潮水的主人

不是女性身体周期的决定者

不是牧羊人天象师眼中那盏多变却可以预见的灯

在变化中发光

黑暗的夜晚带来了蝙蝠、鬼魂、女巫

以及那些撞上我们的东西

六

这不是魔力窗扉中的那个月亮

不是阳台上的朱丽叶梦境中的那个月亮

（我来守护）

七

我的月亮上没有旗子，没有僵硬的旗子

它的生命在于它生动的美丽

它变幻的光芒

还有它的明亮

关于战争目的的讨论

写于1940年。

首相看起来并不愿意讨论战争的目的,这让很多人大大松了一口气。我们是为了生存而战斗的。

就我个人来说,我并不觉得只是为了生存而战斗是令人羞愧的事。我们在做的并不是多么不寻常的事,我们战斗仅仅是因为我们不想被杀掉,也不想做奴隶。le mechant animal,quand on l'attaque il se defend(邪恶的动物,当你攻击他时,他会保护自己)。伦理并没有被卷入,如果我们真的傻到屈服了,那么甚至不会有机会从错误中捞点好处。

假如我们为了生存而战,我们就不能宣称自己比敌人更高尚。而当我们说我们是为了占有或继续占有而战斗时,我们就把事情变复杂了;若我们鲁莽到断言我们具有一些敌人缺乏的品质,而这些品质应当被保留,那我们就会发现自己说出的一些话很难被证明是正确的。所以,让我们的目标尽可能简单是有些道理的。

并没有某个清晰的理由能说明为什么领导一个国家取得胜利

的能力要伴随着一种讨论战争目的的能力。不去强迫首相做一些与其本人不符的事情可能是很重要的。然而，丘吉尔首相羞于做的事情，如果让我们这些直接责任更少的人去做，则是有益处的。我们可以检验我们代表某些有价值的东西的可能性，如果我们认为我们代表了，就要试着找出那些有价值的东西可能是什么。当"民主"和"自由"这样的词汇出现在讨论中的时候，我们可以试着去理解这些词究竟意味着什么。

为了澄清立场，我想请大家将下面这一点作为公理接受下来：即使我们比我们的敌人更好，也只是好一点点而已。在几年的战争之后，即使是这条曾受到辩护的论断，也会显得太自以为是。我的观点是，假装德国人与英国人在人性上有根本的不同是没用的。尽管我承认，这让我背上了一个负担，即如何解释两个国家的人在行为上的差异。这种差异是已经得到公认的。我确信，即使不以存在着绝对化的根本差异这种假设为前提，这种差异也是能被解释得通的。人们可能会说，两国人的行为在这里或那里都如此不同，而且毕竟说到底，重要的不就是行为吗？好吧，是的，但是有行为，还有完全行为。行为是一件事，完全行为是另一件事。完全行为不仅包括历史责任。我们还要考虑到，通过一个人无意识地认同他的敌人，基础性的动机被扩大了。完全行为还包括个体在与一些想法——可能是一些攻击性的或者残忍的想法——发生关联时获得满足的能力，还有当无法容忍的想法有变成有意识的想法的危险时，当事人用行动表达出这些想法以获得解脱的能力，也就是说他们的责任被团体中的其他成员分担了。

用通俗的话来说，我们可能感觉很好，做得也很好，但是对于"好"的觉知而言，我们还需要一种标准。唯一真正能令人满意的判断好的标准就是"坏"，完全行为就包括这种坏，即使坏的一方是我们的敌人。

目前，很显然，我们处在一个幸运的位置上，因为我们的敌人说"我是坏人，我故意要做坏人"，这让我们感觉到"我们是好人"。即使我们的行为可以被说成好的，也并不意味着我们可以因此摆脱在德国的态度以及德国对希特勒特质的利用等方面我们所应承担的责任。事实上，在这种自鸣得意中，有着实际的和直接的危险。因为敌人的宣言是诚实的，而我们的则是不诚实的。依我看，这就是希特勒的势力能从内部瓦解他的敌人的原因之一。他诱导他们，使他们站在一个正义的位置上，而这个位置是会垮掉的，因为它本来就是虚假的。

我们很容易忘记一个事实，那就是每当战争到来的时候，都会有一种关于战争的价值观被反映在政治斗争的过程中。和平很难作为一种自然现象被维持很多年。而我们可以看到，当国内政治结构中出现内部压力和紧张时，国外的威胁也来了，这会让我们松一口气。（这并不意味着战争像某些人说的那样，是为了防止革命而被制造出来的。）

换句话说，人性——从集体的角度来说也叫社会结构——绝不是一件简单的事；社会学家否认贪婪和攻击性的力量是没有任何帮助的。这种贪婪和攻击性是每个个体自身具备的，是每个人都要面对和处理的——只要他想成为一个文明人。对于个体来说，最简单的方法是只有在别人身上出现了那些令人不愉快的部分时，才看到自己身上的这个部分。而困难的方法是，他看到世界上所有的贪婪、攻击性和欺骗都有可能是他自己的责任，即使事实并非如此。不论对于一个国家来说，还是对于一个个人来讲，都是这样。

如果我们愿意接受教育，那么过去几十年所发生的事情已经足够我们迫切地去学一学了。我们在教育中的一个收获来自墨索里尼。在希特勒上台前，他就直言不讳地说，唯一可以被证明为正当的占有的是以体力为后盾的占有。我们没有必要讨论这在伦理上是对是错，我们只需要注意到，任何人如果准备按照这条原则来行动或交谈，都会因此迫使别人也以同样的原则采取行动。墨索里尼曾表示，英国、法国、荷兰和比利时的立场都是虚假的——他们声称对其领土拥有权利，就好像这是上帝指定的一样。这已经引起了争论。即使他的话不过是虚张声势，他也迫使我们再一次决定是否要为地位而战，这对我们是有益的。

如果我们接受了我们和我们的敌人在本性上基本是相似的这个理念，那么我们的任务就会被大大简化。我们就能无所畏惧地直面自己的本性，直面我们的贪婪和自欺欺人的本领。在此基础之上，我们会发现我们确实代表着一些对世界而言有价值的事物，并且我们能够看到这一点。

我们必须牢记，如果我们发现自己正在用所拥有的权力去做善事，那么这意味着我们的这种拥有可能会激起嫉妒之心。敌人嫉妒我们可能不仅仅因为我们拥有什么，也因为我们拥有的权力使我们有机会实现更好的管理以及传播良好的原则，或者至少可以控制可能引起混乱的那些因素。

换句话说，如果我们承认了贪婪在人类事务中的重要性，我们就会发现比贪婪更多的东西，或者说我们会发现贪婪是爱的一种原始形式。我们还会发觉，获取权力的冲动可能来自对混乱和失控的恐惧。

那么，我们能提出什么样的理由来进一步为（主要是为生命而战的）战斗辩护呢？实际上，只有一种方式可以让"我们比敌人更好"这种说法得到支持，同时还不必卷入一场关于"好"之含义的没完没了的讨论。如果我们可以表明我们的目标是达到比我们的敌人更加成熟的情感发展阶段，那么前述说法就能得到支持。比如，如果我们能够证明纳粹的所作所为就像青少年或更小的孩子，而我们则像成年人一样行事，事情就应该对我们更有利了。为了论述的需要，我会说墨索里尼"为了占有而奋斗"（如果是真实的，而非只是口头上的）的态度是相对成熟的，而"你当然要爱领袖，信任领袖"的态度只对不成熟和青春期前的男孩而言才是正常的。按照这样的说法，墨索里尼向我们发起了挑战，让我们像成年人一样采取行动；而纳粹分子则是作为青少年向我们发起了挑战，他们无法理解我们，因为他们无法看到自身的不成熟。

或许我们的论断是，好战分子是充满自信的青春期前的孩子，我们则是努力想成为成年人的人。我们试图感受到自由，同时处于自由之中；试图心甘情愿地去战斗但又不变成好战分子，从而成为潜在的对和平艺术感兴趣的战士。如果我们是这样宣称的，我们就必须准备好为这一论断辩护，并理解这些话的含义。

我们通常会假设我们都是热爱自由的,并愿意为之战斗,甚至献出生命。少数人认同的一点是,这个假设并不成立,也很危险。但在我看来,他们没能理解他们所描述的事情。

真相似乎是我们都喜欢自由的理念,钦佩那些感受到了自由的人,但与此同时,我们也害怕自由,并时不时地倾向于退缩到被控制的状态。理解这一点的难度在于意识和无意识绝不是一致的。无意识的感受和幻想让意识的行为不那么符合逻辑。另外,我们在兴奋期喜欢的事物与我们在间歇期喜欢的事物之间可能有很大的矛盾。

干扰对自由的实践与享受主要以两种方式出现。第一,个体对自由的享受仅适用于躯体兴奋期之间的那些时段。在自由中,个体不会得到任何剧烈的躯体感受,个体只会体验到一点点身体方面的满足;而残忍或奴役则臭名昭著地与躯体兴奋以及感官体验联系在一起,即使我们撇开真正的性变态不谈,也是如此。在性变态中,这些是作为性体验的替代物被诉诸行动的。因此,可以料想,爱好自由的人一定会周期性地感受到来自奴役和控制的诱惑。提及那些隐秘的躯体愉悦感以及随之而来的想法可能是不礼貌的,但是历史记录中的那些不同寻常的对自由的背离是不能在沉默与否认的共谋下得到解释的。

第二,自由的体验是令人疲倦的。于是间歇性地,自由的人会寻机卸下责任,休息一番,欢迎控制的到来。有一个广为人知的关于现代学校的段子。一个小学生说:"求您了,今天我们必须去做我们想做的那些事吗?"它暗示的是一个敏感的答案,例如:

"今天我会告诉你做什么，因为你还是个孩子，你太小了，无法对你的想法和行为承担全部责任。"但如果提问的是一个成年人，那么我们有时就会说："是的先生，你必须这么做。见鬼！这就是自由！"然后这个人大概愿意努力践行一下他的自由，甚至去享受它，如果他能时不常地得到一次假期的话。

我想再次提及，为了感受到自由，我们必须有一种衡量标准。除非以缺乏自由作为对比，否则我们无法感知到自己是自由的。对非洲裔黑人的奴役曾经给我们提供并仍然在给我们提供一种有关我们自身自由的虚假的轻松感；而且在我们的书籍、电影和歌曲中，对奴役主题的反复提及在很大程度上正是我们让自己感觉我们是自由之身的方式。

除了黑人奴隶制度，我们的文明还没有处理过关于自由的问题——如果我们把奴隶解放运动算在其中的话（就像我们必须做的那样）。也许在这两种经历中，德国的参与比我们或美国少，而这两种经历都属于完全行为。如果确实如此，这将对德国人个体的残忍行为和控制欲产生很大的影响，让他们有更强烈的需要，把残忍和奴役付诸行动——就如同美国人曾在奴役黑人的过程中表现出来的残忍和奴役，现在仍然被通过伟大的解放运动表现出来。

自由会给个体的人格来带一种压力。自由的个体完全无法避免产生关于自己会受到迫害的想法。他也没有任何符合逻辑的借口来为自己愤怒或攻击性的感受开脱，除非说是他自身的贪婪所带来的贪得无厌。他身边也没有一个人允许或禁止他去做他想做的事情——换句话说，没有人把他从严苛的良知"暴政"中拯救出来。

难怪人们不仅对自由感到恐惧，还恐惧与自由和给予自由有关的那些观念。

被他人指挥着做事，会使一个人在很大程度上感到解脱，而且他只需要像崇拜英雄一样崇拜掌权者就够了。现在，我们正以一种反常的方式来让丘吉尔先生及其内阁成员的其他人告诉我们该做什么。对此，唯一可能的解释是，我们已经完全厌倦了自由，渴望着奴役的魔咒。例如，在商业领域，政府制定了小型贸易商无法理解的各种规章制度。刚开始，某个贸易商很生气，然后会变得有所怀疑，再然后，他的一些最优秀的同行渐渐地被迫放弃，或者在无奈之下出现了身体或精神方面的崩溃。其他很多领域也可以被这样形容。毫无疑问，这有一些价值，原因在于其残酷和愚蠢，而人类认为这二者的重要性仅次于自由。通过把自由与和平联系起来，把奴役与战争联系起来，我们就达到了一种幸福的状态，然而，这全有赖于某个信手就对我们发动战争的人。如果我们被刺激着每隔二三十年就打一场仗，我们似乎就能安心享受民主和自由的体验了。

我们很少能碰到这么一个人——他是自由的，也感到自己很自由，他为自己的行为和想法负责，也不会过分地挫败自己，也就是说，他不会表现出兴奋中的抑制。抑制和放纵都是容易的，但二者都能通过廉价的交易被个体得到。这笔交易就是把自己的责任交给一个理想化的领导者或一个原则，然而这样做的结果是人格的贫瘠。

自由是这样一种东西，它需要被强加在那些有能力接受它的人身上。所以我们需要一位预言家来评估自由，一遍又一遍地向人们说明自由是值得为之奋斗和献身的。一代又一代人，一直如此。托尔普德尔蒙难者①为他们自己那一代的（而不是所有时代的）工会主义者赢得了自由。对自由的热爱本身并不会带来自由。事实上，被奴役的人们热爱自由这一概念，但这并不意味着当他们获得了自由的时候就一定会爱上自由。至少在刚刚品尝到自由的滋味时，他们会被自由麻痹，就像大家都知道的那样，他们会害怕他们有了自由之后可以做的那些事。然后他们就会与之妥协，这意味着他们会或多或少地放弃自由。

感到自由是很难的，其难度并不比给予他人自由的难度小。战争不仅向我们提供暂时的解脱，让我们可以远离自由带来的压力，它还会给独裁者们提供享受胜利的机会。在我们身边，到处都有独裁者，他们常常做出一些精彩的事，而在议会制度下，这些事是不可能出现的。当以获得认同为目标时，执行仅仅是一件与效率有关的事。当战争结束时，这些独裁者能得到充分的满足感吗？他们会满意地走到一边，迎接新的民主之日的曙光吗？

我们被告知这场战争是一场自由之战，我也确信我们的一些领导人能够实现这一崇高的目标。我们正在放弃自由，其程度取决于丘吉尔先生的想法和他认为需要达到的程度。让我们期待当战争胜利之时，会出现一些感到自由并能容忍他人自由的人。

民主是对自由的实践，议会制政府是一种让自由成为可能的

---

① 指1834年英国托尔普德尔村6名农业工人因参与工会组织而被判处流放澳大利亚10年的事件，后因引起公愤，这6名工人终被赦免。——译者注

尝试，其方式是当仅有少数人赞成某个人的观点时，这个人愿意接受其他人的观点。当一个人没能得到大多数人的支持时，他甘愿接受事情无法按照自己的方式进行这种结果。这是人类取得的一个重大成就，但是它也带来了很多压力和痛苦。要想让这种成就成为现实，一个必要的条件就是允许人们因定期地、不合逻辑地摆脱领导人而获得满足感。为了保证稳定，国王是要保留的，而且是被不合逻辑地永久保留。实际上，把元首划分为国王和首相两个部分才是民主的实质。美国在这一题目上的变形是在一段有限的时间内授予某人持续的权力。

我发现在现在这个严峻的时刻，人们在谈论民主时，就好像民主只意味着国家服务于人民，而不是人民服务于国家，这令我非常苦恼。民主的实质当然不仅仅是选举，也包括除掉那些领导人，并且为此负责。人们的感受为这种变化提供了理由，尽管逻辑和推理常常去除了这些感受的粗糙性。

> 我不爱你，费尔医生，
> 个中缘由我无从分辨……

幸运的是，人性就是人性，早晚会出现一些理由来支持人们把即使最受爱戴和信任的领袖赶下台。但是除掉一个政治家的首要动机是主观的，人们要在无意识感受中才能发现。所以，当政治家们陷入困局，人们会很清晰地看到围绕着未被表达的仇恨和未被满足的攻击性出现的一连串现象。

近年来，民主面临的一个严重威胁来自这样一种倾向——政治家们希望因为年迈而退休，或者死在自己的办公室里，而不是被议会赶下台。死是不够的。他们说，一个优秀的下议院议员会用力出拳，有时也会遭到反击。当丘吉尔通过议会程序（而不是由于我们对敌人发动进攻的恐惧）成了张伯伦的继任者，对于民主制度而言，这是一个多么令人高兴的偶然事件！如果张伯伦①先生下台的时间再推迟几天，事情可能就是后者了。

在我看来，劳合·乔治②在过去的二十年中对政治的最大贡献是他一直扮演着"被干掉"的领袖的角色，而其他老人都在试图通过毫发无损地退休而避免"被干掉"。劳合·乔治必须被维持在"被干掉"的状态，而且他一定会时常感到自己被浪费了——在政客们害怕自己被不合逻辑地赶下台这种腐朽的局面中，我们能看到他对民主制度的促进作用，民主制度因此得以保留。

在最近的总统选举中，"没有第三任期"的呼吁正是对上述态度的呼应。罗斯福③的连任可能真的意味着美利坚合众国民主制度的腐坏，而他下一次必须退休了。这件事的结果是没有总统能够被

---

① 亚瑟·内维尔·张伯伦，1869—1940，英国政治家，在1937年到1940年间任英国首相。他由于在第二次世界大战前夕对纳粹德国实行绥靖政策而备受谴责。1940年5月10日晚，张伯伦向国王递交辞呈，正式推荐丘吉尔继任英国首相。——译者注

② 1863—1945，英国自由党领袖，1916年12月7日出任英国首相，被迫于1922年10月19日辞职。——译者注

③ 富兰克林·罗斯福，1882—1945，美国第三十二任总统，美国历史上唯一连任超过两届——连任四届，病逝于第四届任期——的总统，也是美国迄今为止在任时间最长的总统。——译者注

牺牲掉，或者被不合逻辑地赶下台，至少在八年内是这样的。这一定会带来对战争、革命或独裁统治的倾向的强化。

纳粹分子显然很享受总是听命于他人的状态，他们不需要感到要为领袖的选择负责，他们也没有能力抛弃领袖。在这方面，他们处于青春期前的阶段。如果我们以成熟的责任分担为目的，我们就可以声称，在民主的生活方式下，我们的目标是自由。这种责任特指为不合逻辑的弑父所承担的责任。我们通过将父亲形象拆开而使弑父成为可能。但是当别人向我们指出，我们并没有实现这种自由时，也一定不要感到惊讶。只能说我们只是以此为目标，或者将其作为一种理念，在两次世界大战之间的短暂时间内，我们确实实现了它。实际上，期待个人自由（那种自由的感觉）在普通人身上实现，这种期待实在是过高了。在每个时代，只有少数可贵的男性和女性能实现个人自由，但他们不一定很有名。

那么，当谈到战争目的时，我们唯一能够肯定的只有一件事：如果我们要生存，就必须愿意投入战斗。我们也会说我们希望自己能比愿意战斗更进一步，因为我们想践行自由——这将给人类这种生物带来尊严。如果我们认为我们比敌人更加拥护发展中的成熟阶段，我们就有了一个强大的可以获得世界的同情的宣言，但是我们不应因此逃避，而是应该在需要时投入战斗，甚至牺牲生命。

我们的第一个目的是在战争中获胜。假如我们胜利了，我们要面对的首要任务就是重建我们的自由、我们的议会制度和民主生活方式，包括为了不合逻辑地除掉政客而设计的机制。这是我们战争的第二个目的。我们的第三个目的一定是寻求或已经准备好迎接敌对国中的成熟因素。我们希望,现在的很多目中无人地展现出青春期心智特点的德国人和意大利人将有能力实现个人迈向成熟的进步——也就是说,我们希望他们中的很多人现在是被诱惑着回到了青春期或青春期前的阶段,而不是已经固着在一个处于无能为力与成熟之间的不成熟的发展阶段。只有当德国人是成熟的人的时候,我们才能有效地给予他们自由的概念。

关于第一个战争目的即赢得战争这一点,我还可以多说一些。在眼下这场战争中,赢得战争意味着看透一切政治宣传不过是"纸老虎"。我们的任务一定是全力以赴应对物质上的考验,而现在的考验还只是打嘴仗。正因如此,在我们的阵营内,那些支持政治宣传的人所引起的怀疑多过他们获得的认同。在战争机器中,政治宣传或许占有一席之地,但是在这场战争中,重要的是我们应该赢得军事上的胜利而不是道义上的胜利。

要想获得一段时间的和平,最佳的方式是使战争结束于停火之时。即使获胜的一方已经建立了武力上的绝对优势,被征服的一方也仍然能够抬着头。对于灵魂而言,参加了战斗,结果输了,其实并不比取得胜利更糟糕。

如果想表达得更清晰一些,就可以说,如果德国胜利了,它的胜利一定是因为军事上(而非作秀上)的优势地位;如果我们赢了——就像我们充满信心地期盼的那样,一定也是因为军事上的优势。

相反,如果在公认的军事优势建立之前就取得了人为的虚假和平,那么关于战争罪行的老问题就会再次突然出现,我们都向往的和平就会被再次毁掉。

我们很少听到有人讲战争的价值，也难怪，因为我们已经听过太多关于战争之恐怖的话了。但是可以肯定的一点是，存在一种可能性，那就是事实上，这场德国人与英国人之间的战斗会逐渐令双方都更加成熟。我们的目标是达到一个饱和点，在这个点上，军事上的结果是令人满意的，交战双方也获得了彼此的尊重。而这一情形是永远不会在宣战双方之间实现的，恐怕也不会在和平主义者之间实现。只有在互相尊重的基础上（这种尊重发生在两个走向成熟的人之间，他们曾经与对方苦战），新的和平才能实现。这段和平期或许还能持续好几十年，直到新的一代成长起来并再次试图用他们自己的方式解决或缓解他们自己的问题。在这幅图景中，既然所有相关方都参与其中，那么关于战争罪行的分配就没有什么作用，除非和平是人们通过战斗以及冒着死亡的危险赢得的，否则，和平只会带来阳痿。

柏林墙

写于1969年11月。

柏林墙是某种现象的最臭名昭著的一个例子。这种现象随处可见，但是柏林墙有其特殊意义。因为实际上，现在的世界已经成为一体，人类也实现了某种联合。

在政治实践的世界里，一定有很多看待上述现象的方式，而一个人的演讲不可能覆盖全部主题。不过，我需要说一说某些从精神分析实践当中引出的事物，我希望将其中的两个作为两个分开的主题来论述。

第一个与个体单元的发展有关。我们不可能在某个单独的时刻实现对一个人临床状态的有效考察。结合环境研究个体的发展是更有效的方式，这包括研究所提供的环境及其对个人发展的影响。一个人经遗传获得的成熟进程是潜在的，其实现需要一个特定类型和程度的促进性环境，并且根据地点和时间的不同，在社会环境中会出现各种重要的变化。我们必须假设，世界已经成为社会学术语里的一个单位，它并不会比组成它的个体更好。人类个体的图形是可以被制作出来的,而几十亿人类个体图形的叠加就会呈现组成这个世界的个体的贡献总和。与此同时,这会是一幅描述这个世界的社会学图形。这里有一个复杂的情况——只有一部分人在他们的情感发展中实现了一种可以被称为单元状态的成果。实际上,个人很可能是一个相对现代的概念,并且一直到几百年以前才出现了完整的个人的说法,或者说在过去的二百年里,只有极少数特例的完整的个人。如今,人们太容易理所当然地认为,作为一个单元,个人是所有人类事务的基础,而任何没有实现某种整合的人(这种整合的结果可以被称为一个单元)都没有达到成熟的基线,不管"成熟"这个词可能的含义是什么。

所以,这个世界必然包含一部分这样的个人,他们无法整合成一个单元,并因此无法对世界的整合做出贡献(除非破坏性的)。探寻这一主题必须放下这种复杂性,把社会学意义上的世界作为几百万已经整合的个人的叠加去看待。我们可以假定,在这个世界上,我们不会发现任何比在人类身上能够实现的事情更好的事。

当我们研究发展中的人类婴儿、儿童以及世界各地各种群体中的发展中的人类时,我们发现整合为一个单元并不意味着这个个人达到了平和的状态。这样的个人实现的是这样的自我——他能够容纳所有类型的冲突,这些冲突来自本能以及微妙的精神需要,他也能容纳周围背景带来的环境方面的冲突。我们可以想到的最健康的人类的图形是一个球体,或者更简单地说,是一个圆,而且我们会马上在中间划一道线。这种健康程度的个人有能力容纳所有来自内在和外在的冲突，并且，虽然在中间的那道线上总会有战争或潜在的战争，但是线的两边有组织好的一组组良性元素和迫害性元素。

在我正在描述的内在精神现实中，并不总有战争，这仅仅是因为那道线的存在以及它对良性元素和迫害性元素的分隔。助益来自这样一个事实：良性元素能够被输出或投射，迫害性元素也是如此。通过这样的方式，人类一直在造神，也一直在组织对那些危险品或废品的处理。

如果我们以人们应对这些事物的方式来考察人类，我们会发现在临床上有两个极端。一个极端是一个人所能了解的全部冲突在个人精神现实中都被汇集到了一起，他要为每件事承担全部责任。由于存在出现冲突的危险，控制一切就成了一种自动化的设置。此时，他的情绪是抑郁的。另一个极端是一个人不能容忍内在精神现实中的潜在战争，这个人会在社会中寻找一个它的代表——或者是本地化的，或者是普遍意义上的，最终他会在社会上关于我们所生活的这个世界的统一概念中找到一个代表。通过这样的方式，不仅在社会环境中总会出现冲突，而且冲突会被组成社会的个人创造出来并维持下去。于是，个人不再简单地因为他周围世界中的冲突感到痛苦，当外部冲突缓解了他的内部（也就是在个人内在精神现实中的）冲突时，他还会感到解脱。

理想主义者说话的方式就好像存在这样一种人，在他们的图形中间没有那条线，那里只有用于好的目的的良性元素。然而，在实践中，所有研究这些事物的人都发现，即使个人几乎没有迫害性的或者"坏的"力量和客体，这也只意味着某种替罪羊机制正在发挥作用。这个人正在通过一种真实的或想象中的，被激发出来的或幻想中的迫害来获得缓解。

同理，我们无法构想出一个完全的"坏"人，无论"坏"这个词意味着什么。也就是说，这样的人身上容纳的全部是迫害性的元素。我们能够在精神病理学中看到。不过，在这里有一些自杀的案例。这些人会做出安排，把自己内部的全部"坏"的因素都捡起来，并在把他们感觉是"好"的那些因素输出或投射出去之后，结束这一切。（这让我想起了菲利普·赫塞尔廷传记的结尾：他把猫放到外面，关上门，打开了煤气。）我们会观察到，在抑郁状态中（这种状态大概是正常的，或者它是精神病学意义上的健康个体的人格结构中的一部分），存在一种对潜在战争状态的忍耐。就好像那里有一堵柏林墙，或者贝尔法斯特和平墙[①]。这些是教区事务，当读者读到这篇文章时，这些事务可能已经被人们忘在脑后了，因为有某个更好的分界线的例子出现了。即使在最糟糕的情况下，这条分界线也推迟了冲突的发生，而最好的情形是它将对立的双方长期隔离，于是人们开始寻求并练习和平的艺术。和平的艺术来自对立势力之间的分界线所取得的临时成功和暂时的平静期。总有一些时候，这堵墙不再能把好的与坏的隔绝，在这种时刻中间的就是平静期。

[①] 贝尔法斯特是北爱尔兰首都，和平墙被用来隔离天主教徒和新教徒居住区，双方在这一地带爆发过血腥宗派暴力事件。——译者注

在发生这种事情的地方,背景中总存在一项政治问题,解决这项问题的临时方法(往往涉及战争或内战)是那些写着和平和文化成就的篇章的基础。这与已经得到大家充分理解的一个事实是同一主题,这个事实就是,把一座岛屿(只要它不是太大)变为一个和平艺术实践之地是需要一些特殊条件的。也就是说,如果一个社会不是一座岛,它就会有边界,而在边界附近会存在一种紧张状态。边界两边的那些人的行为决定了他们生活的性质,而且在这里,再次立刻清晰起来的一点是,忍耐敌对状态,又不否认敌对的事实,会以一种积极的方式令人获益。与此同时,对敌对状态的忍耐是政治中最艰难的一件事。因为,更容易的一种做法永远是变得更强大,把边界再向前推进一点,或者把边界直接推过对方的头顶,统治他们的社会群体。于是这个群体不再自由,而那个取得了统治地位的更大、更强的群体是自由的。

这也是某一类事的反映,这类事发生在迷恋某个领袖或某种想法的个人身上。这种迷恋使这个人对其行为产生了绝对确定的感觉,并且让他不带丝毫怀疑、担心和抑郁地跟随某个独裁者,他身上只有一种对保持这种统治状态的冲动。这是"好"对"坏"的统治,但是"好"与"坏"的定义掌握在独裁者手里,在组成这个群体的成员中不容讨论,因此也很少得到修正。在某种程度上,我们可以说独裁者地位的瓦解正是因为"好"与"坏"的固定含义最终变得令人厌倦,人们开始愿意冒着生命危险去追求自发性和原创性。

一个人可以立刻把这些运用在他所能遇到的任何一个小问题

上。比如，如果北爱尔兰的和平墙是搭建在天主教和新教之间的，这也就意味着它没有为健康的不可知论留出空间。现在，每一个在北爱尔兰的人都必须在天主教徒或新教徒之间选择一个身份，即使天主教徒和新教徒的定义都不会被公开讨论。这些定义或许被其历史根源固化了，而这种历史根源界定了一种特属于北爱尔兰的本地含义。在某一方面，可以说北爱尔兰就像是在爱尔兰和英格兰之间的永久的柏林墙。如果想让所有爱尔兰岛都属于爱尔兰，那么这堵墙就得挪到隔开这两座岛的海里去了。实际上，几乎不用怀疑的是，在格拉斯哥、利物浦和这座岛西部的其他地区之间划分人口的线会是不规则的，这也意味着伦敦的天主教徒和新教徒之间的矛盾的激化。

目前在伦敦（在英国总体上也是如此），新教色彩的固定化使得对天主教的忍耐变得很容易。同样，在天主教爱尔兰，对新教的忍耐也是容易的，因为在那里，人们认为天主教才是符合潮流的。只有当这两种风潮的观点相遇时，它们才会产生碰撞。

就其他国家的情形做出这类论述并不难。尽管在每一个案例中，任何简要的论断在对真相的描述上一定都是十分匮乏的，因为真相总是复杂并因此而有趣的，真相也总是植根于历史之中。不过，为了论述，我们还是可能在某种程度上尝试延展我们的想象以及对某些事实的了解。

这些问题的共同特性是在成对出现的不同派系之间存在的潜在战争状态。这个主题也是在我写这方面的内容时引起我兴趣的一个主题，它与不同派系的相遇之地有关，也与相遇之地的组织形态有关,如果双方的边界之间没有无人区的话。我们越接近关税壁垒,我们称之为文明的东西就变得越不可能,以至于我们这些带着护照旅行的人会惊讶于农民在每天锄地时,如此轻易地穿越了好几回边境线竟不曾察觉。可是如果我们跟在他身后,我们可能就被击毙了。如果某地的农民不能再用这种方式和边境线做游戏了,我们就会知道那个地区存在潜在的战争状态,我们是不会在那里寻找和平的艺术和有趣的创意的。

如果我们反观英格兰与苏格兰边界的存在所带来的丰富发展,就会发现这很有趣。尽管没有多少标记能说明英格兰从哪里开始,苏格兰在哪里结束,反过来也是一样。我们很享受那种逐渐出现的口音变化,以及人们强调历史时,如果再向北一点或再向南一点就会呈现出的不同色彩。毫无疑问,这座岛在爱丁堡以南的那个部分的狭窄对事情有帮助,所以当我们身处苏格兰的时候,不用别人告诉我们,我们或多或少地就会感觉到自己到苏格兰了。

英格兰和威尔士之间的边界要从地理以及山脉的角度去考察。东西柏林之间的边界是一堵人造的墙,它肯定是很丑陋的,因为如果我们认可了柏林墙是一个没有墙就会打仗的地方,那么"美"这个词的含义是不会与此有丝毫关联的。但是柏林墙的积极一面是承认了这样一个事实——人性是无法实现其完整性的,除非在抑郁的情绪下,人们承认个人内在精神现实里的冲突,并且愿意推迟解决这种冲突,愿意忍受情绪上的不舒服。很自然地,随着时间的推移,一个人会看到,解决冲突(战争或征服),或者忍耐紧张状态(接受柏林墙或类似事物的存在),这二者会交替出现。

这是时间和社会学意义上的躁狂抑郁性精神病，它和在个人身上交替出现的情绪的躁狂抑郁性精神病是同一回事，反过来说，也和一个完整的、接受了个人内在精神现实中的冲突事实的人的抑郁情绪，是同一回事。

自由

1969年前后所作的两篇文章的合并版。

在这里,我们有空间来阐述自由的含义。我不会尝试把精神分析学科内外关于这一主题的广泛论述考察一遍,但是我们也不可能逃避以一种新眼光看待自由的责任。我们要在健康和创造性的概念下进行讨论,而这正是我所强调的。

有的环境因素要么会让创造性变得无用,要么会通过制造一种无望的状态来摧毁一个人的创造性。当我谈论这种环境因素时,自由这个主题已经被引入了。[①]这个主题是关于自由的缺乏及其残酷性的,这种残酷性体现在身体限制中,也体现在通过统治(例如,就像在一段独裁关系中那样)对一个人个人存在的毁灭上。我已经说过,在家庭中也能发现这类统治,它不仅出现在更广阔的政治图景中。

---

① 《创造性及其起源》,刊载于《游戏与现实》,伦敦:塔维斯多克出版社,1971年;纽约:基础图书,1971年;哈蒙兹沃思:企鹅图书,1985年。

众所周知，当身体强壮的人发现他们的身体处于受限的状态中的时候，他们反而会有某种自由感，甚至是一种增强了的自由感。在别的地方，我曾引用过这样一句名言："石墙并不会造就一座监狱，就像铁栏不会造就一个牢笼。"

对于精神健康水平达到一定程度的个体而言，自由感并不全部依赖于环境。实际上，如果人们之前不被允许是自由的，而后又被给予了自由，那么他们可能会害怕自由。我们是能够在过去半个世纪内的政治图景中观察到这一点的，有太多国家最终获得了自由，却不知道该怎么使用自由。

在一本并非主要讨论政治的书中，这项研究一定是关于自由感的，这属于个人精神健康领域。那些第一次接触精神分析理论的人经常会感到，这个理论虽然很有趣，但它的某些方面挺吓人的。实际上，这个理论的存在本身就已经让很多人感到不安了，它结合环境讨论个人情感发展问题，且能够被延伸用于解释发展障碍和疾病状态。当一个人给一些成熟的学生团体授课时，如果主题是儿童情感发展以及精神障碍和身心失调的动力，那么他会被一次又一次地问到一个迫切需要回答的与宿命论有关的问题。当然，的确，若没有一个宿命论的假设作为基础，是不会有一个关于情感状态、人格健康与失调以及异常行为的理论的。即使这位授课者试图为某些领域在宿命论以外的某处留下余地，也是于事无补的。弗洛伊德的工作把人类对理解自身的尝试向前推动了一大步，与此相关的有关人格的研究是生物学理论基础的一种延伸，而这个基础本身又是生物化学、化学和物理理论基础的延伸。在关于宇宙的理论化描述中，任何地方都不存在一条鲜明的界线。一个人可能以研究脉动星为起点，最后却研究起了人类精神失调与健康理论，其中涉及创造性以及有创造性地看待这个世界，而这一点是证明人是活着的以及活着的是人的最重要的证据。

很显然，对一些人来说，也许对所有人来说，把宿命论作为一个基本事实来接受是非常困难的。对此，有很多条众所周知的逃跑路线向人们敞开着。当一个人看着其中一条逃跑路线时，他总会感觉到存在一种希望——这条路不会被堵死。例如，如果一个人想用超感知觉这条路线逃跑，他就能看到想要证明这种事物存在的尝试。但是他对于事情的结果可能也感到很矛盾，因为如果第六感被证实是存在的，那么一条逃出宿命论的路线就立刻被堵上了。结果是出现了又一个唯物论的例子。唯物主义在任何意义上都既不漂亮，也不宜人。但是我们也不能说我们都希望永远站在这里，寻找着逃离宿命论的路线。

那位动力心理学的授课者会反复听到对他所讲主题的反对意见，这些意见往往来自一位因为课程所暗示的宿命论而感到困扰的学生。很快地，这位老师就会明白这个问题并没有总是在影响所有学生。实际上，大多数人都没有因为理解到（只要他们能够理解）人生有着宿命论的基础而觉得烦恼。虽然这个主题会在突然之间对某个学生而言变得至关重要，或者在某些时刻对任何人都可能变得至关重要，但是事实上，大多数人在大多数时候都觉得自己可以自由选择。正是这样一种可以自由选择并能够重新创造的感觉让宿命论的理论变得无关痛痒了：在大部分情况下，我们都觉得自己是自由的。宿命可以仅仅是一个关于人生的事实而已，而人在一生中是会时不时地感觉不舒服的。

我们不能忽视的一个事实是，很大一部分人，无论男人、女人还是儿童，确实都被某些东西无尽地困扰着，而这很容易以对宿命论的反叛这种形式表现出来。我们必须去观察并看到这种恐惧是什么，并认真对待这件事。自由的感觉和不自由的感觉之间的反差如此巨大，以至于对这种强烈对比的研究势在必行。

关于这个复杂话题，有一件很简单的事是可以说的，那就是精神失调本身确实感觉就像某种监牢，一个在精神上生病了的人在病中甚至会比一个真的置身于监狱中的人感觉到更多限制。我们必须找到一些途径去了解这些生病的人所描述的缺少自由的感受是怎么回事。看待这个问题的一个方式来自那些被用了无数遍的从精神分析实践中得来的理论。我们必须记住的一点是，虽然我们在精神分析理论有关健康的方面还有大量要研究和学习的东西，但在疾病方面确实已经了解了很多。在探究这个问题的过程中，从一个人人格中有组织的防御的角度对精神健康和疾病做出论述会对事情有所帮助。防御有多种形式，很多精神分析方面的作者早已对它们的复杂性做出了论述。不过，事实上，正是这些防御组成了人类人格结构中的一个关键部分。如果没有对防御的组织，就只会剩下混乱和被组织起来的用来对抗混乱的防御。

在这里，对我们有帮助的一个观念是，在精神健康的状态下，个体对防御的组织具有灵活性，而与之相反，当个体患有精神方面的疾病时，防御是相对僵化的。比如，在健康状态下，个体可以发现一种幽默感。它是游戏能力的一部分。在防御组织的范围内，幽默感是一种让人有转身余地的空间。这个空间会给人一种自由的感觉，对于主体来说如此，对于那些与主体有关或者希望与这个主体有关的那些人而言，也是如此。在极端的精神疾病状态下，防御组织区域里是没有这种多余空间的，所以主体会对他或她自己在疾病中的稳定状态感到厌烦。正是这种防御组织的僵化让人们抱怨缺少自由。这与哲学中的宿命论主题是完全不同的，因为有一个事实是，自由的替代物和自由的缺乏属于人性本身，而且这些问题在每个人的生活中都会是很急迫的问题。它们在婴儿以及幼儿的生活中尤其紧急，并且因此在家长的生活中也很紧急。家长一直在试图精通适应需求和训练的替代方案，他们希望给孩子冲动的自由。这会让孩子感觉生活是真实的，是值得过的。这会带来一种对客体的有创造性的视角，并进一步把孩子引向替代方案。这种方案的表现形式就是教育者以及家长想要继续自己私人生活的需要。为了这种需要，人们甚至可能付出这样的代价——孩子冲动地摆出姿态、表明立场，想要充分表达自我。

在当下的文化里，我们正在收割时代带来的回报。在这个时代里，人们竭尽全力使孩子在开始的时候就有一种可以自由地以自己的名义存在的感觉，但人们发现，当这个孩子到了青春期的时候，这样做带来的部分结果却不那么令人舒服。我们可以观察到一种社会倾向——很多负责管理问题青少年的人常常会质疑那些让一整代人试图给孩子们一个好的开端的理论是否真的合理有效。换句话说，社会正在被热爱自由的人刺激得开始采取更严厉的措施，而这最终可能会导致独裁统治的建立。这是危险的。这里有很多管理方面的问题，支撑我们工作的理论也受到了很大的挑战。

自由受到的威胁

因此，对自由概念的考察把我们引向了对自由所受到的威胁的研究。这种威胁肯定存在，而探究这种威胁的唯一正确时刻是在失去自由之前。由于自由是关于个人内在经济的事物，它并不会被轻易毁掉；也就是说，如果我们从防御组织的灵活度而不是僵化度的角度去看待自由，它就是一件与个体健康有关的事，而不是一件与如何对待一个人有关的事。然而，没有人是独立于环境之外的，即使那些曾经很享受自由的人，他们内心自由的感觉也会被一些环境因素破坏。无疑，对任何人而言，一种长期持续的威胁都会削弱其精神健康的基础。并且，就如同我试图表述的那样，残忍的实质就是瓦解一个人所怀希望的程度，这种希望原本让创造冲动和创造性想法与生活变得很有意义。

如果一个人接受了自由会受到威胁这一假设，那么他就不得不说首当其冲的危险来自这样一个事实，那些既在内在又在社会设置中拥有自由的人很容易把自由视为理所当然。在这里，我们可以用下面这种需要来做个对比：要让父母们满意地了解到他们正在做的事是很重要的，也是让孩子很享受的，或者至少是让孩子满意的。如果事情进展得很顺利，那么他们会把一切视为理所当然，不会意识到他们正在为新一代人的心理健康打下基础。他们很容易被任何一个有着某种思想体系的人推到旁门左道或者倒退的路上——这样的人怀着某种一定要推广开来的信念，或者某种一定要让人们皈依的宗教信仰。遭到破坏的永远是一些自然的事物，就像新的汽车道总是修在与世隔绝的乡村，那里原本一片宁静。宁静本身并不知道该如何维护自己，但是向前推动并取得进步的焦躁需求似乎充满了动力。这一观点在约翰·梅纳德·凯恩斯①所写的《自由的代价是永不停歇的警觉》中出现过，这个标题也被《新政治家》杂志选作他们的座右铭。

所以，自由会受到威胁。所有的自然现象也都如此，原因仅仅是它们内在没有一种去宣传自己的驱动力，而且自然现象总被否决，到那时做什么都为时已晚了。所以我们可以做一点事，向那些自由的人指出自由对于他们的价值以及意义，甚至吸引他们去注意这样一个确定的事实：感觉到自由恰恰可能引发那些影响他们享受自由的限制。这种限制指的当然是环境中的限制，但是如果自由只在迫害性的环境中被从意识上体验到，那么限制对于内在自由是有一定的价值的，我已经从防御组织的灵活性这个角度描述过这一点了。

在这个基础上，去看一看为什么每件自然而然的事情都会受到威胁，到底有哪些原因。就算这没什么价值，也会是一件有趣的事。我希望提出的一项建议是，我们试图描述的这些被我们称之为自然而然的东西，如果关乎人类和个体的人格，那么一定和健康有

---

① 现代经济学领域最有影响的经济学家之一，被称为"战后繁荣之父"。——译者注

关。换句话说，大多数人都是相对健康的，他们享受着这种健康状态，但同时对此没有太多自我意识，他们甚至并不知道他们拥有健康。然而，在社会上也总有一些人，他们的生活被控制了。控制他们的或是某种程度的精神失调，或是一种他们无法解释的不幸福感，或者他们并不十分确定他们庆幸自己还活着或愿意继续活下去。我已经试着总结，他们的痛苦来自防御的僵化。人们并不总能意识到，有些事情比阶级差异更深刻。它比贫富之间的对比更深刻，尽管现实中与这两个极端相关联的问题会产生巨大的影响，以至于这些影响总是轻易占据整幅画面。

当一个精神病学家或精神分析学家看这个世界时，他会不由自主地看到这样一个可怕的对比：有些人自由地享受着生活，有创造性地活着；而另一些人在这方面并不自由，因为他们永远都在应付焦虑、崩溃的威胁或者行为失调的威胁。

也就是说，因为不得不应对环境上的匮乏或者遗传上的缺陷，有的人对自由的缺乏已经超过了一定的程度。对这样的人而言，健康遥不可及，而那些拥有健康的人则应该被毁掉。他们在这个区域内积累的愤恨的程度是惊人的，与之相对应的是过得好的人对自己过得好所产生的罪疚感的程度。在这个意义上，幸福的人什么都有，患病的人一无所有。过得好的人热情地把自己组织起来去帮助那些患病的、不幸的和不成功的人，以及那些有可能自杀的人，如同在经济学领域，那些有足够多钱的人会有做慈善行为的冲动，就好像为了阻止社会其他成员的愤恨的洪水上岸。那些人或者吃不饱，或者缺钱，而钱能让他们有行动的自由，或许还能找到一些值得追寻的东西。

一次用一种以上的方式去看这个世界是不可能的。虽然在经济学和精神病学的对比中显示出二者有很多相似性，但我们只会将注意力集中在这堂课的一个方面：精神健康和精神不健康。同样的主题也可以在教育、外貌或者智商的语境下讨论。在精神状态方面，那些过得足够好的人和那些过得不够好的人之间，肯定存在误解，在这里，我们注意到这种误解就够了。那些过得足够好的人多么容易摆出一副自鸣得意的姿态，而这当然会激起那些过得不够好的人的更大的愤怒。

写到这里，我想起了我的一个朋友，一个非常好的人。他在其医疗生涯中做了很多事，在其私人生活中也很受尊敬，但他是一个挺抑郁的人。我记得在一次关于健康的讨论中，他和一群致力于减少疾病的医生在一起，可他刚开始就对大家说："我觉得健康很恶心！"这让那些医生大吃一惊。他不是在开玩笑。他（启动了他的幽默感）继续说到，当他还是个医学生的时候，和他住在一起的一个朋友每天都起得很早，还要锻炼身体、冲冷水澡，以这样一种方式开启他愉快的一天；而他自己呢，与此相反，躺在床上，陷入深深的抑郁中，根本没法起床，除非他开始对这样做的后果感到恐惧。

为了充分考察这些在精神上不那么健康的人对那些过得足够好、没有被困在僵化防御中或疾病症状中的人的愤恨，我们有必要看看关于精神失调的理论。如果一位精神分析师把考察的重点放在环境因素上，那么看起来就会很奇怪。在所有人中，精神分析学家尤其会注意以神经症或精神障碍为基础的个人内部冲突。这一来自精神分析的贡献是具有巨大价值的，它令那些有足够资质的人可以对他人进行治疗，而非将疾病归罪于环境。人们喜欢疾病来源于自己这种感觉，当人们看到分析师试图在他们自己身上寻找他们疾病的根源时，他们会觉得轻松一些。这项研究取得了不同程度的成功。不过，进行治疗的分析师是经过精心选择的，他们接受过相关的技巧训练。这确实很重要，他或她如果在业务上有丰富的经验，也会对事情有帮助。因此，环境因素并没有在任何案例中被完全抹除。在对病原的研究中，正是精神分析师们发现，一个人需要回溯到非常早期的阶段去讨论当他还是一个婴儿或很小的孩子的时候，他与环境之间的关系。海茵兹·哈特曼曾提及"正常期待的环境"[①]，我说过"平凡而奉献的母亲"，其他人也用过类似的术语来描述一种促进性的环境——如果想让一个小孩的成熟进程起效，想让这个孩子成为在真实世界中有真实感的真实的人，这种环境就一定具备某些特质。

在一个人及其过去的历史和内部现实中去寻找他承受压力的根源，有巨大的意义。如果我们没有放弃这种意义，就有必要承认，甚至有必要宣布，在终极病原方面，环境是非常重要的。也就是说，如果环境足够好，那么婴儿、幼儿、渐渐长大的儿童、更大一点的孩子和青少年就能有机会按照他们从遗传那里得到的潜能

---

① 海因兹·哈特曼，《自我心理学与适应问题》，纽约：国际大学出版社，1939年。

成长。

在分界线的另一边,当提供的环境不够好的时候,个体在某种程度上或者说在很大程度上就无法达成对其潜能的实现。因此,在每一个从精神病学角度看拥有一切和一无所有的相关案例中,都可以得出一个真实论断:我们能够看到愤恨在这种差别下持续运作着。我想说的是,当其他所有阶级差异都有其各自的效力并产生与之对应的愤恨时,前面所说的这种差别可能最终会被发现是意义最为重大的。真实的情况是,有非常多的人,他们或者过得格外好,或者感动了这个世界,以一种杰出的方式做出了很大的贡献,而这些人付出了巨大的代价才成为他们现在在这个世界上的样子,他们似乎曾经游走在拥有一切和一无所有之间的边界线上。我们能看到他们如何从不幸中创造出了独特的贡献,或者一直被一种来自内在的威胁驱动着。然而,这不能改变一个事实,那就是在这个领域仍然有两个极端:有些人内在充实,能够实现自我,也有些人由于其早期阶段所处环境的不足,没有能力实现自我。我们一定能料想到后者会怨恨前者的存在。不幸的人会试图破坏幸福。被困在由自身防御的僵化性所铸就的牢笼中的人会试图破坏自由。无法充分享受自己身体的人会试图干扰其他人对身体的享用,他们甚至会将这种行为施加在自己的子女身上,尽管他们也爱自己的孩子。不能去爱的人会试图用玩世不恭的态度破坏一份自然而然的、简单纯粹的关系。还有,(在边界之外的)那些病得太严重以至于无法实施报复,一辈子都待在精神病院的人,会让那些心智正常的人因为自己很正常,可以自由地生活在社会中并参与当地和世界政治活动而感到内疚。

有很多方式可以被用来描述我希望引起大家注意的这个主题：自由所面临的危险恰由自由产生。那些过得足够好并足够自由的人一定要有能力去坚持他们的状态所带来的胜利。不过，正是运气而不是别的什么让他们有机会成了健康的人。

对"民主"一词含义的一些思考

1950年6月，为《人际关系》期刊所作。

首先我想说，我意识到自己正在对一个自己专业之外的主题发表看法。社会学家和政治学家可能一开始会很反感这种鲁莽无礼的行为。不过在我看来，学者们时不时地跨界是很有价值的一件事，前提是他们能意识到（就像我现在正在做的那样），在那些了解相关著作并且习惯专业语言的人看来，他们的评论一定会不可避免地显得幼稚，他们就像入侵者一样对那些专业语言一无所知。

"民主"这个词在当下有非常重要的意义，它被人们以各种不同的意义使用着，例如：

1. 一个人民实行统治和管理的社会体系；
2. 一个人民选择领导人的社会体系；
3. 一个人民选择政府的社会体系；
4. 一个政府让人民享有思想和言论自由、创业自由的社会体系；
5. （如果运气好的话）一个能够允许个体自由行动的社会体系。

我们可以研究的是：

1. "民主"这个词的词源；

2. 社会制度的历史，如希腊的、罗马的等；

3. 当下不同国家和文化对这个词的使用，如英国、美国、俄罗斯等；

4. 独裁者和其他一些人对这个词的滥用和对人民的哄骗……

在对任何一个术语（比如"民主"）的讨论中，很显然，第一重要的事就是对这个词进行界定，而该界定应该适用于这场特定类型的讨论。

使用这一术语的心理

我们有没有可能从心理学的角度去研究人们对这个术语的使用？对其他一些让人感觉困难的术语（如"平常心""健康人格""良好适应社会的个体"）开展的心理学研究，我们都已经能够很好地接受并习以为常了。我们也知道这些研究会被证明是有价值的，因为它们给了无意识情感因素以充分的重视。心理学的任务之一就是研究和呈现那些潜在的、存在于对这些概念的使用当中的想法，而不仅限于关注明显的和有意识的含义。

在这里，我想尝试发起一次心理学方面的研究。

这一术语的工作定义

看起来，我们确实能够发现这一术语有个重要的潜在含义，即一个民主社会是一个"成熟的"社会。也就是说，在这个社会中，健康个体的特征是具有成熟的品质，相应地，这个社会也具备这种品质。

因此,在这里,民主的概念是"对其健康成员适应良好的社会"。这个定义与R.E.马尼-克尔表达的观点一致。①

对于心理学家来说,人们使用这一词语的方式才是最重要的。只有这个词语暗含"成熟"元素,才能说明这项心理学研究是有充分理由的。我们要表明的是,在对这个词语的全部使用方式中,我们能够发现这个词语包含成熟或相对成熟的含义,尽管我们都会承认,想要充分定义这些术语是很困难的。

心理健康

在精神病学术语中,一个正常的或健康的个体可以被称为"一个成熟的人";他或她有与其实际年龄以及社会地位相符合的情感发展程度。(在这个论述中,我们假定这个人在生理上是成熟的。)

因此,心理健康就是一个没有固定含义的术语。同样,"民主"这个术语也不需要一个固定的含义。当它被一个社区使用的时候,它可能意味着社会结构上更多而不是更少的成熟度。在这个意义上,我们能够料想到,在英国、美国以及俄罗斯,这个词的含义是各不相同的,不过我们也会发现,这个词保留了它的价值,因为它意味着把成熟看作健康并加以认可。

一个人可以如何开展对社会情感发展的研究呢?这样一项研究一定与对个人的研究紧密相关。二者一定要同时进行。

---

① 心理健康大会《公报》,1958年。

民主机制

我们一定要试着论述民主机制有哪些能够被接受的品质。它一定要为了自由投票选举领导人而存在,票选应该是真实的、匿名的。它也一定要为了让人民可以通过秘密投票除掉领导人而存在。它必须为了不合逻辑的选举或赶走领导人而存在。

民主机制的核心是自由投票制(秘密投票表决)。这一点的关键在于它确保了人民表达除有意识的想法之外的深层感受的自由。①

在秘密投票的实践中,行动的全部责任都由个人来承担——如果他足够健康的话。投票表达了他内心斗争的结果,外在的场景已经被内化了,并因此与他自身个人内在世界里各种力量之间的相互作用结合在了一起。换句话说,如何投票的决定表达了他的内在斗争是如何被解决的。这个过程大体上是这样的。外在的场景有很多不同的社会和政治方面,一个人逐渐认同了要参与斗争的各方,在这个意义上,外在场景被他个人化了。这意味着他是从自身内在斗争的视角去理解外在场景的,他暂时让他的内在斗争以外在政治场景的方式进行了下去。这种交互的过程需要工作和时间,这也是民主机制的一个部分,即安排一段时间用于准备工作。突然举行的选举会在选民中造成一种强烈的挫败感。每个投票者的内在世界都不

---

① 在这方面,即使是秘密的,比例代表制也是反民主的,因为它干扰了人们对感受的自由表达。当一些聪明的、受过良好教育的人希望检测一下有意识的观点时,会需要一些专有条件,只有在这样的条件下,比例代表制才是适合的。

得不在一段很有限的时间内变成一个政治竞技场。

如果人们对于投票表决的秘密性有所怀疑，即使个体再健康，也只能通过投票表达出他的反应。

被强加的民主机制

有可能出现的一种情况是，某个社区被挑选出来，属于民主范畴的机制被强制施行，但这不能创造民主。因为这需要有人来继续维持这一机制的动作（以确保秘密投票等行动的进行），并强迫人民接受那些结果。

内在民主倾向

在某个时间点上，民主是一个有限社会取得的一项成就，而有限社会指的是一个有着天然边界的社会。关于真正的民主（我们今天就是在这个意义上使用这个术语的），我们可以这样说：此时，在这个社会里，有足够比例的社会成员在其个体情感发展方面足够成熟，以至于存在一种朝向创造、再创造以及维护民主机制的内在①倾向。

我们有必要去了解，如果想形成内在民主倾向，那么究竟需要

---

① 通过"内在"这个词，我试图传达的是：人性中（来自遗传）的天然倾向会生长、开花、成为民主的生活方式（成熟的社会），但是只有通过个体的健康的情感发展，这才能成为现实；在一个社会群体中，只有一部分个体有运气发展至成熟阶段，因此，只有通过他们，群体内在的（继承下来的）朝向成熟的社会的倾向才能被落实。

多大比例的成熟个体。用另一种方式来表述就是，一个社会在不让内在民主倾向被淹没的前提下，能够容纳多大比例的反社会个体？

猜想

如果第二次世界大战（特别是撤离计划）把英国的反社会儿童比例提高五倍（举个例子，比如从x%提高到5x%），那么这会很容易影响到教育体系。其结果就是教育的定位将面向这些反社会儿童，人们呼吁采取专政的方式，却忽略了那些并不反社会的孩子。

十年后，这个问题会以这样的方式被陈述：虽然社会可以应对一定比例的人（x%）是罪犯，方法就是把他们关押在监狱里隔离起来，但是若人群中5x%的人是罪犯，人们很可能在总体上重新定义"罪犯"。

向社会的不成熟认同

在一个社会中，如果有某些个体（假设数量为x）以发展出反社会倾向的方式来显示他们缺乏社会感，就会有另一些个体（假设数量为z）对其内在的不安全感做出反应，方式就是形成另一种倾向——向权威认同。这是不健康的，也是不成熟的，因为这不是一种来自自我发现的对权威的认同。这是一种没有画面感的框架感，是一种没有保留自发性的形式感。这是一种亲社会倾向，而这种倾向是反个人的。往这个方向发展的人可以被称为"隐性反社会者"。

与显性反社会者相比,隐性反社会者并不会更接近"完整的个人",因为二者都需要找到和控制他们自身之外的外部世界里正在发生冲突的力量。相反,健康的人有能力陷入抑郁,因此也有能力在他的内部找到完整的冲突,也能够在他自身之外的外部(共享)世界中看到完整的冲突。当健康的人们在一起时,他们每个人都会为一个完整的世界做出贡献,因为每个人带来的都是一个完整的自己。

隐性反社会者为一种在社会学意义上不成熟的领导者提供了候选人。而且,社会中的这种元素极大地增加了来自显性反社会因素的危险,这尤其是因为普通人很容易让那些急于登上领导地位的人掌握关键职位。这些不成熟的领导者一旦坐到了那些位置上,就会立刻把那些显性反社会者纠集在他周围,这些反社会者很欢迎他们(不成熟的、反个人的领导)成为自己天然的主人(对分裂的虚假解决)。

不确定人群

事情从来不会那么简单,因为,在一个社区中,即使有 $(x+z)\%$ 的反社会个体,也不能说剩下的人就是亲社会个体。有些人处于不确定的位置上。我们可以这样解释一下:

反社会者	$x\%$
不确定者	$y\%$
亲社会但反个人者	$z\%$
能够做出社会贡献的健康个体	$100-(x+y+z)\%$
总计	100%

全部的民主重担都落在了那100-（x+y+z）%的个体身上，他们是成熟中的个体，正在渐渐地变得能够在他们良好的基础上发展出社会感。

举例来说，在英国，100-（x+y+z）%代表多大比例呢？这个比例可能很小，比如30%。也许，如果有30%的成熟的人，还有20%能够被影响并被算作成熟个体的不确定者，那么加起来就有50%了。但是，假如成熟个体的比例下降到20%，可以预料的是，能够以成熟的方式采取行动的不确定者的比例会有更大的跌幅。如果说在一个社区中，30%的成熟人口聚拢了20%的不确定者，二者加起来占比能达到50%，那么也许一个社区中20%的成熟人口就只能聚拢10%的不确定者，这样加起来就只有30%。

从实践的目的来看，50%这一比例可能意味着足够的内在民主倾向，而如果想避免（隐性的和显性的）反社会者和那些因为脆弱或恐惧而被他们拉下水的不确定者联合起来淹没了民主倾向，30%这个比例就不能被认为是一个足够大的比例。

接下来就会出现一种反民主倾向，一种走向独裁的倾向，其首先出现的特征是一种狂热的对于民主假象（民主这个词的欺诈式功能）的拥护。

这种倾向的一个迹象是惩教机构的出现。这是一种地方化的独裁统治，对于那些个体不成熟的领导者而言是一个练习场。他们是反转过来的反社会者（亲社会但是反个人）。

在健康社会中，有两种与这种惩教机构近似的机构，那就是监狱和精神病院。这种近似是充满危险的，正因如此，罪犯和精神病患的医生们不得不时时保持警惕，以免在毫无察觉的情形下，突然发现自己被用来作为反民主倾向的工具。事实上，总有一条界线，在这条界线中，对政治和思想上的反对者的惩教方法和对精神失常的人的治疗方法之间没有明显的区别。（在这里，社会上存在一种危险，那就是人们并不使用真正的心理疗法，而是对精神病人采用身体上的方法进行治疗，甚至接受了他们心智失常的状态。在心理治疗中，病人是一个与医生平等的人，他有权生病，也有权要求得到健康，有权对个人的、政治性的和观念性的看法承担起全部责任。）

创造内在民主因素

如果民主就是成熟，成熟就是健康，而健康是我们所渴望的，那么我们会希望知道，是不是可以做一些事来培养民主。无疑，把民主机制强加给一个国家是毫无裨益的。

我们必须将希望寄托于那100−（x+y+z）%的人，都靠他们了。这一群体的成员会引发相关研究。

我们发现，在任何时候，我们为增加这一内在民主因素的数量所做的努力，在重要性方面，都比不上当这些人还是婴儿、儿童和青少年的时候，他们的父母和家庭已经做过的（或没有做的）那些事。

不过，我们可以试着避免用未来做出妥协。我们可以试着避免干涉那些能够应对以及在实际上正在应对他们自己的孩子和青少年的家庭。这些普通好的家庭提供了内在民主因素能够在其中被创造出来的唯一设置。①这实际上是对一种积极贡献的谦虚描述，但在其应用方面，有着令人惊讶的复杂性。

不利于普通好的家庭发挥功能的因素

1. 人们非常难承认的一点是，民主的关键其实真的在于普通的男人和女人，以及寻常的家。

2. 即使一个明智的政府政策使家长们可以自由地用他们自己的方式管理自己的家，那些践行政府政策的官员也不一定会尊重家长们的地位。

3. 普通好的父母确实需要帮助。在身体健康以及预防和治疗身体疾病方面，他们需要科学所能提供的一切；他们也想得到儿童护理方面的指导，并在他们的孩子出现心理疾病或呈现行为问题时得到帮助。但是当他们寻求这样的帮助时，他们能否确保自己的责任不会被剥夺？如果这样的事情发生了，他们就不再是内在民主因素的创造者了。

4. 很多父母都不是普通好的父母。他们或者有精神疾病，或者不够成熟，或者在广义上是反社会的，只在非常有限的意义上被社会化了；抑或他们没有结婚，或身处一段不稳定的关系中，整日争吵或正在分居，等等。这些父母因为他们的缺陷引起了社会的关

---

① 普通好的家庭是某种挑衅统计调查的事物。它没有新闻价值，不引人注目，也没有造就家喻户晓的人物。基于我个人在二十五年间曾接触的两万多个案例，我的假设是在我所工作的社区里，普通好的家庭是常见的。

注。关键在于，社会能否确保面向这些病态家庭的定位一定不会影响面向普通家庭的定位？

5. 父母想要为他们的孩子提供一个家，在其中，孩子能够成长为一个个体，他向父母认同以及之后向更广大的群体认同的能力在逐渐增长。在任何情况下，这种尝试都是从母亲终于接受并可以坦然面对她的宝宝这一起点开始的。在这里，父亲的身份是保护者，他将孩子的母亲解脱出来，让她可以将自己奉献给孩子。

很长时间以来，家的地位都得到了人们的认可。近些年来，心理学家的大量发现说明了一个稳定的家是如何让孩子们发现自己、发现彼此的，同时，家也让孩子们在一种更广泛的意义上开始具备成为社会成员的资格。

不过，我们需要对这种对早期母婴关系的干涉进行一些特殊的考量。在我们的社会中，这方面的干涉正在增多。同时，我们面临着额外的危险，这种危险来自这样一个事实：一些心理学家实际上宣称，在生命的最初，只有身体方面的照料起作用。这只会意味着，在总体上，在人们的无意识幻想中，那些最可怕的想法都聚集在母婴关系周围。人们无意识的焦虑在实践中被表现了出来，形式就是：

1. 医生（甚至是心理学家）过分强调生理发展和健康。

2. 出现各种关于母乳喂养不好的理论（这些理论声称婴儿一出生就必须得到训练，他们不应该被母亲照料，等等；或者正相反，母乳喂养必须被建立起来，不该对婴儿进行任何形式的训练，永远别让宝宝哭，等等）。

3. 在婴儿刚出生的那几天，干扰母亲接触她的孩子，干扰母亲将外部现实呈现给孩子的最初尝试［归根结底，后者对于这个新来到世界上的人来说是一种基础。在这种基础之上，他最终将获得可以和不断扩大的外部现实发生联系的能力。如果母亲通过奉献其自身而做出的巨大贡献被破坏或阻止了，那么这个个体就无望进入那 $100-(x+y+z)\%$ 的群体——只有在那个群体中，才能产生内在民主因素］。

附属主题的发展：选举

民主机制的另一个关键是被选举出来的是一个人。在这个世界上，以下这三种情况是完全不同的：（1）为一个人投票；（2）为一个有特定倾向的政党投票；（3）通过投票表决支持一项明确的原则。

选举一个人意味着这些选举者作为人相信他们自己，并因此相信他们所提名或投票的那个人。被选举出来的人有机会作为一个人采取行动。作为一个完整的（健康的）人，他的内部有完整的冲突，这让他有能力形成一个关于全部外部情况的观点，虽然这只是一个个人化的观点。当然，他可能会属于一个政党，人们也知道他有某种特定的倾向。不过，他能够以一种精妙的方式去适应变化中的状况；即使他在实际上改变了他的主要倾向，他也会为了再次参加选举而让自己出现在公众面前。

相对而言，选举一个政党或一种群体倾向所需的成熟度要小一些。它不需要选举者对人有足够的信任。不过，对于不成熟的人来说，这是唯一符合逻辑的程序，这恰恰就是因为一个不成熟的人无法构想出来或者相信一个真正成熟的个人。为一个政党或一种群体倾向投票，也就是为一样事物而不是一个人投票，其结果是建立起一种僵化的见解，是对精细反应的适应不良。这个被选举出来的事物是无法被爱或恨的，这适合那些自我感发展不足的人。我们可以说，当人们将投票的重点放在一个原则或一个政党上，而不是为一个人投票的时候，这就是一个更不民主的投票体系，原因是它（在个人情感发展的角度上）更不成熟。

在对某个特定观点进行投票表决时，与"民主"这个词相关联的内容被进一步削弱了。全民公决这件事几乎没有多少成熟度可言（尽管在一些特殊场合，它可以被很好地安排在一个成熟的体系中）。关于全民公决是如何失效的，我们可以引用两次世界大战之间在英国举行的一项和平民意测验作为例子。人们被要求回答一个特定的问题（"你支持和平还是支持战争？"），非常多的人在投票中弃权了，因为他们知道这个问题是不公平的。在那些没有弃权的人当中，很大比例的人在战争那里打了叉，尽管事实上，当环境重组之后，当战争到来时，他们是支持战争的，也投身到战斗之中。关键在于，这种类型的提问只为表达有意识的意愿留下了空间。假定没能去战斗并不意味着懒惰地放弃了志向和责任以及背叛了朋友，那么在这样一种表决中，对"和平"打钩和投票给一个众所周知渴望和平的人之间，也是没有关联的。

同样的对立也适用于盖洛普民意调查和其他问卷，尽管我们大费周章地去刻意避免这个陷阱。在为支持一个人而进行的投票中，得到支持的人一旦当选，就会拥有时间和空间去使用他的判断力。而如果我们用对特定观点的投票取而代之，那么在任何情况下，这都是一种非常糟糕的方案。全民公决和民主没有任何关系。

对民主倾向的支持：总结

1. 最有价值的支持被以一种消极的方式给予，其途径是有组织的不去干扰普通好的母婴关系以及普通好的家庭。

2. 为了提供更有智慧的支持——即使是这种消极的支持，我们需要在婴儿和各个年龄阶段儿童的情感发展、看护孩子的母亲的心理以及父亲在各个阶段的功能等方面进行更多研究。

3. 这项研究的存在显示出一种信念，即民主程序教育是有价值的。当然，这种教育只能在得到理解的前提下提供，并且只能有效地提供给在情感上成熟或健康的个体。

4. 另一个重要的消极贡献是避免试图把民主机制植入整个社会。这么做的结果只会是失败的，并且会对真正的民主成长造成挫折。可以选择的有价值的行动是支持那些情感上成熟的个体，虽然这类个体的数量可能很少，然后让时间来完成剩下的工作。

人——男人或女人？

我们必须考虑的一点是在"人"这个词的位置上，是否能够放上"男人"和"女人"这两个词。

虽然女人越来越多地占据要职，但事实上，大多数国家的政治首脑仍然是男人。我们或许可以假定男人和女人作为两种性别身份同样有能力；或者，反过来讲，我们不可能说根据最高政治位置所需的智力和情感能力水平而言，只有男人适合做领导人。不过，这不能解决问题。心理学家的任务正是将人们的注意力吸引到无意识因素上，这些因素很容易被忽视——即使在关于这类主题的严肃讨论中。我们必须考察那些当选了政治领袖的男人或女人的普遍的无意识感受。如果结果是男人和女人幻想中的内容有所不同的话，我们就不能忽视这一点，也不能用一句"幻想不算数"因为它们"只是幻想"而把这件事一笔勾销了。

在精神分析和相关工作中，我们发现，所有个体（包括男人和女人）都具有某种对女-人①的恐惧。虽然有些人的恐惧程度比其他人更高，但可以说这种恐惧是普遍存在的，这与我们说一个人害怕某个特定的女人完全不同。在社会结构中，对女-人的恐惧是一个强有力的动因，而它要为只有极少数社会由女性来掌握政权这一事实负责，它也要为大量对女性的残忍行为负责（人们能够在一些几乎被所有文明接受的风俗习惯中找到这些行为）。

我们是知道这种对女-人的恐惧的根源的。它与这样一个事实

---

① 在这里详细讨论这点是不合时宜的，但是如果逐渐接近，我们就能清楚地了解到这个概念包括：

a. 在很早期的童年阶段对父母的恐惧；

b. 对于结合形象——一个在其力量中包含了男性潜能的女人（女巫）——的恐惧；

c. 对于母亲——她在婴儿生命最开始的阶段拥有绝对的权力去提供或不提供作为一个个体在早期建立自我所需的重要条件——的恐惧。

（请参看本书中的"母亲对社会的贡献"及"今天的女权主义"两篇文章。）

有关——如果一个人发展良好，心智健全并且有能力发现他自己，那么在他的早期历史中，他是欠一个女人一笔债的（当他还是一个小婴儿的时候，这个女人献身于他，而且这种献身对于这个人的健康发展而言绝对是至关重要的）。人们并不记得最初的依赖，因此这笔债也没有得到承认，除非是对女-人的恐惧代表了这种承认的最初阶段。

一个人生命的最开端奠定了其精神健康的基础。那时，母亲全然献身于她的孩子，而婴儿的依赖是双倍的，因为他对自己的依赖性全然无知。这与父亲无关，因为父亲不具备这种性质。因此，一个在政治意义上处于最高位置的男人能够被人们欣赏和理解，而如果处于类似位置的是一个女人，那么相比之下，她所得到的欣赏和理解要少得多。

女人常常宣称，如果掌权者是女性，就不会有战争。人们怀疑这句话是否是对真相的最终论述，这是有原因的，但是即使这句话被证明是合理的，男人或女人仍然不能接受普遍由女性占据政治权利制高点这样的总体原则。（皇位是不受这些因素影响的，因为它或在政治之外，或远离了政治。）

我们可以将独裁者的心理看作这些想法的衍生物。无论"民主"这个词意味着什么，独裁者都站在它的对立面。一个人需要成为独裁者的根源之一是一种冲动——想要通过包围女人并代表她的方式来应对这种对女人的恐惧。独裁者有一个奇异的习惯——既要求绝对的服从和绝对的依赖，也要求得到"爱"，这就是从上述根源中衍生出来的。

不仅如此,各种群体都倾向于接受甚至寻求事实上的被统治,这也来源于对被幻想中的女人统治的恐惧。这种恐惧让他们去寻求甚至欢迎被一个大家所熟知的人统治,尤其当这个人已经承担起了人格化的负担并因此限制了幻想中的全能女性的神奇品质时。这样,人们欠债的对象就变成了这个人。独裁者可能被推翻,最终也一定会死去,但是原始的无意识幻想中的那个女性形象却有着无限的生命和力量。

亲子关系

民主的设置还包括为当选者提供某种程度的稳定——只要他们能做好他们的工作,又不会远离选民的支持,他们就能继续当权。以这样的方式,人们建立了一定的稳定度,而通过对每一事项的直接投票(就算这点能够实现),他们是无法维持这种稳定的。在这里,心理学上的解释是,在每个个体的历史事实中都存在一段父母与孩子的关系。即使在成熟的民主方式中——选民们被推测是成熟的人,我们也不能假设亲子关系的残留在其中完全没有空间,因为它有着明显的益处。在某种程度上,在民主选举中,成熟的人选择的是临时父母。这就意味着他们认可这样一个事实——在某种程度上,选民仍然是孩子。即使是当选的临时父母——那些民主政治体系的掌权者,在他们的职业政治工作之外,他们自己也是孩子。如果他们在开车的时候超速了,他们也要受到正常的司法问责,因为开车并不是他们治理工作的一部分。当他们作为政治领导者(并且也只有以这个身份出现)时,他们才是临时父母,如果在选举之后，他们被罢免了，他们就又恢复到孩子的身份了。实际上，玩父母和孩子的游戏似乎是一件很便利的事，因为这会使事情更顺利。换句话说，正因为这种亲子关系的好处，其中的部分成分才会被保留下来。但是为了使亲子关系变成可能，需要有足够比例的个人成长到不介意扮演孩子的程度。

也正因为如此，我们会认为，对于那些扮演父母的人而言，他们自己没有父母是一件糟糕的事。在这场游戏中，人们普遍认为应该有另一个众议院，那些由人民直接选举出来的治理者要向其负责。在我国，这个功能属于上议院。在某种程度上，它由那些有着世袭头衔的人组成，同时也在某种程度上由那些在各行各业的公共事务中因为卓越而赢得了一席之地的人组成。再一次地，"父母"的"父母"也还是人，有能力去做出作为一个人的积极贡献，而且去爱或去恨、去尊重或去鄙视一个人也都是说得通的。在一个社会中，只要我们想按照它的情感成熟度来给它评级，那么就没有什么能够替代人或在其顶端的人。

进一步地说，在一项关于英国社会设置的研究中，我们能够看到那些上议院的议员相对于国王来说也是孩子。在这里，在每个案例中，我们都再次来到一个"人"面前。他或她因为世袭制占据着这个位置，他能一直在位也是因为他以人格和行动维系住了人民的爱。当然，更有帮助的做法是在位的君主简单而真诚地把事情向前再推进一个阶段，宣布信仰上帝。我们在这里碰上了正在消逝的上帝和永恒的君主这些相互关联的主题。

民主国家的地理边界

　　对于一个民主国家的发展而言，从一个成熟社会结构的意义上来看，似乎很有必要的是这个社会有着天然的地理边界。很显然，一直到最近这些年，甚至到现在，我们都可以说，英国被海洋包围（除了与爱尔兰的关系之外）的这个事实是我们社会结构成熟的重要因素。瑞士的边境（相对不那么令人满意）有一部分是山区。而美国直到近年来都还享有西部带来的无限的开发机会和随之而来的好处。这意味着，被积极纽带联合在一起的美利坚合众国，在此之前都还不需要充分感觉到一个封闭社会的内部斗争，他们仍然团结在一起。尽管有恨，但恨也是因为有爱。

　　一个没有天然边界的国家无法释放出一种积极的面向邻国的调整与适应行为。在某个意义上，恐惧把情感的情况简单化了。因为不确定人群y当中的很多人，以及反社会人群x中的一些情况不那么严重的人会变得能够去认同国家，其基础就是当他们面对外部迫害威胁时具有一种有粘合力的反应。然而，这种对于迈向成熟的发展的简单化是有害的。成熟是一件困难的事情，它涉及对于核心冲突的充分承认，以及除此之外不采用其他出路或试图绕道而行（防御）。

　　在任何情况下，一个社会的基础都是完整的人格，而人格总是有限的。代表一个健康个体的图形是一个圆（球形）。而不论非我是什么，都能被描述为，或者在这个人之内，或者在这个人之外。比起人们在自身人格发展中所能达到的程度，他们不可能在社会建设中走得更远。

民主知识教育

通过对社会以及个体的成熟情况进行心理学研究,现存的民主倾向会得到加强。此类研究的成果必须被以通俗易懂的语言提供给现有的民主国家以及世界各地的健康个人,这样他们才能变得在智力层面是有意识的。除非他们自己有这种意识,否则他们无法知道该攻击什么又该保卫什么,当对民主的威胁到来时,他们也无法识别。"自由的代价是永恒的警觉":谁的警觉?——2%~3%的人[这些人属于那100-(x+y+z)%的成熟个体]的警觉。其他人都忙着做普通好的父母,把成长和成为成年人的任务传递给他们的孩子。

战时民主

我们必须问一个问题,是否存在一种叫作战时民主的东西?答案肯定不是简单的"是"。实际上,有一些理由已经说明为什么在战争时期,应该由于战争的发生而宣布暂时中止民主。

我们要清楚的一点是,集合起来形成一个民主国家的成熟健康个体应该有能力奔赴前线,目标在于:(1)为成长创造空间;(2)保卫有价值的东西和已经拥有的东西;(3)与反民主倾向作斗争——只要有人还在为支持这类倾向而抗争。①

可是,一定会发生的是,事情很少按照这种路线发展。根据我们之前的描述,一个社区永远都不会百分之百地由健康、成熟的个

---

① 关于这些内容的更充分的论述可以在本书"关于战争目的的讨论"一文中找到。

人组成。

一旦战争临近，群体会发生重组。如此一来，当战争开始时，就不会只让健康的人承担全部战斗。拿我们之前提到的四个群体来说：

1. 很多反社会者以及一些温和的偏执狂会在实际发生战争的时候感觉更好，他们欢迎真实的迫害威胁。通过积极投入战斗，他们会发现一种亲社会倾向。

2. 在不确定人群中，很多人会跨进将要完成的事业中，也许还会利用残酷的战争现实成长起来。如果没有战争，他们也不会这么做。

3. 在隐性反社会人群中，有一些人大概会发现一些机会。在战争所创造的各种关键职位上，他们进行统治的迫切需要得到了满足。

4. 成熟、健康的人不一定会像其他人那样自告奋勇。关于敌人是不是坏的，他们不会像其他人那样肯定，他们有自己的怀疑。不仅如此，他们在世界文化、美以及友谊中都有着更大份额的积极投入，所以他们不会轻易相信战争是必须的。和近乎偏执狂的人相比，在拿起枪并扣动扳机的时候，他们的动作是缓慢的。事实上，他们会错过奔赴前线的大巴车，而当他们到达前线的时候，他们也是可靠因素和那些最有能力适应逆境的人。

另外，有些在和平时期健康的人会在战争时期变成反社会者（由于良心而拒绝服兵役的人）。这并不是出于懦弱，而是出于一种纯粹的个人怀疑。而那些和平时期的反社会者则很可能发现他们自己在战争中做出了勇敢的行为。

因为这些以及其他一些原因,当一个民主社会参战时,参战的是整个人群。我们很难发现一场仅仅由社会中那些在和平时期提供内在民主因素的人发起的战争。

事情可能是这样的,当一个民主国家被一场战争打扰的时候,最好的表达是民主在那一刻就结束了。那些喜欢这种生活方式的人将不得不在外部斗争结束以后再重新开始,在群体内部为再次建立民主机制而斗争。

这是一个宏大的主题,它值得引起那些有着广阔思想格局的人的注意。

总结

1. 对"民主"这个词的使用能够从心理学的角度得到研究,其基础是以成熟作为它的含义。

2. 无论是民主还是成熟都不能被移植到一个社会上。

3. 在任何时候,民主都是一个有限社会取得的一种成就。

4. 一个社区中的内在民主因素来源于普通好的家庭的运转。

5. 促进民主倾向的主要活动是消极的:避免干扰那些普通好的家庭。开展相关的心理学研究以及根据我们已知的那些实施教育会提供额外的帮助。

6. 普通好的母亲对她的宝宝的奉献有特殊的意义。这种奉献的结果之一就是为婴儿获得最终情感成熟的能力奠定了基础。在一个社会中,在这个关键点上的大量干扰会很快并有效地减少这个社会的民主潜力,正如它会降低社会文化的丰富程度一样。

君主制的地位

写于1970年。

我提议，我们一起来看看君主制在英国的地位。我在做这件事的时候，没有借助有关君主制的专业著作中的那些专业知识，也没有专攻历史。我不得不这样做，而我的借口或许是一个有效的借口——君主制是我们都在与之生活的一种制度。通过看电视，通过大众媒体以及与出租车司机和本地的朋友们聊天，我们一直都在了解相关信息。我住的地方恰巧离飘扬在白金汉宫上方的旗帜不远，这面旗帜的展开或者收起代表着女王在不在宫里。但是对于现在在这个国家的每一个人来说，存在一个永远至关重要的问题：上帝是否拯救了女王？在这个问题背后是这样一句话："国王已死，国王万岁！"这句话是很有意义的，因为它隐含的意思是在位的君王会死，但君主制会存活下来。这是事情的关键。

你们会看到，尽管对于皇权和皇室家族，我没有过分地多愁善感，但我确实把君主制的存在看得很认真。我相信，如果没有君主制，英国会是一个非常不同的地方。在这里，我们撇开了一个问题：其替代方案会更好还是更糟？我们也撇开了所有复杂的考虑，这些考虑归属于一种对今天的国王或女王作为一个人到底如何的客观评价。

如果要构建起对君主制及其在我们社会中的地位的考察工作，作为一项初步工作内容，那么很自然地，我们会问一个问题：如果以一种恰当的方式接近普通人，让他们有机会表达个人观点，他们会说什么？当然，大多数人都有两套态度：一套是谈话态度，一套是感受态度。

谈话态度就是人们在一个叫作交谈的游戏中所表达的态度。语言给了我们一个空间，可以对各种可能性进行广阔的探索。而且在讨论中，我们可能会在某一时刻持有相反的两种观点。我们可能会仅仅为了找乐子而和他人争辩。这种对态度的展示的确有很大价值，然而事实是大多数人忽视了无意识动机带来的极其复杂的情况。无意识被认为是一件麻烦事，它毁掉了乐趣，属于精神分析以及对那些生病了的人进行治疗的范畴。在酒吧里，我们就说些我们认为自己知道的事情吧，给出一些合理化的解释当作原因。我们也别太严肃，否则在我们有机会开溜之前，就已经发现自己和别人坠入了爱河或者开始打架了。不过，认真的谈话是对文明的证明。交谈者也必须考虑到无意识的存在。感受态度则完全是一种反应，并不包括潜意识。而作为"完整的人"，人们无法即刻公平对待自己的感受。

在关于君主制在我们文化中的地位的谈话态度中，我们发现，皇权这件事被过分轻易地当作童话故事来对待。或许童话会让人们感觉舒适和幸福,它丰富了人们的日常生活;或许童话是一种对现实的逃避,它弱化了我们改变那些糟糕的事情的决心——那些糟糕的事情存在于很多方面,比如经济、很差的或拥挤的居住条件、老人的孤独、残疾人的无助、污秽与贫困带来的不适,或者不公造成的迫害所带来的悲剧。"逃避现实(escapist)"这个词概括了这种态度。而以这些为基础,这个童话故事已经被诅咒了。

与此对应的是"多愁善感(sentimental)"这个词。它属于那些从来都没有真正彻底醒来的人,他们不能看到贫民窟有多可怕,并且已经撤退到虚幻之中。

那些使用"逃避现实"这个词的人鄙视那些多愁善感的人;而那些多愁善感的人并不确切地知道该拿他们的对手怎么办,直到他们发现自己不知所措地被打乱在某个政治局面里——也许是一场对他们来说没有任何意义的革命。

对君主制的无意识使用

我现在在这里所讨论的这些,其背后隐含的假设本身就是难以理解或想象的。它直接指向人类个体存在的基础,以及客体关系的最基本的方面。有这样一句格言:好的东西永远会遭到破坏。这涉及无意识目的的概念。其中的真相或多或少类似于这句话里的真相:"情人眼里出西施。"[1]

---

[1] 关于温尼科特在这里所表达的这些想法,其主要论述可以在"对客体的使用"一文中找到,出自《游戏与现实》,伦敦,塔维斯多克出版社,1971年;纽约,基础图书,1971年;哈蒙兹沃思,企鹅图书,1985年。

它是生活的事实之一。你能立刻在我们的国歌中找到它:"上帝拯救女王(国王)!"把她(或他)从什么当中拯救出来?我们太容易想到从敌人手中拯救出来,尽管在后面的歌词中,这个想法已经被验证。("他们的无耻阴谋"这句话很有意思,但是我们知道这并不是事情的焦点。)人类无法对美好的事物置之不理。他们必须得到它、摧毁它。

除了被保护之外的幸存方式

在这里,出现了一个很切题的问题:为什么还会存在美好的事物——如果事实是它们的存在和它们的美好会刺激到人们,并导致对它们的毁灭?其实有一个答案,而这个答案需要提及美好事物的实际品质。美好事物是可以幸存下来的。幸存可以成为一个事实,原因就在于一直遭到破坏的美好事物的那些品性。然后美好事物就会以一种新的方式被热爱,被珍视甚至被崇拜。它会经受住被无情利用的考验,以及被作为我们最原始冲动和想法的客体对象的考验。这个客体是得不到我们的保护的。

君主制永远在接受考验。它可以由于保皇主义者和效忠者的支持,在历经艰难之后幸存下来,但最终,一切都有赖于那些君王,他们发现他们自己(撇开个人选择不谈)正处在国王的位置上,手握王位。

正是在这里,世袭制得到了承认。这个男人(或女人)并不是因为选择(不管是他的选择还是我们的选择)、政治投票或其功德而身居王位,他的王位是继承来的。

如果这样看待这件事，我们就会发现，君主制在我们的国家存在了一千多年几乎是一个奇迹。曾经出现过一些危急时刻，比如没有继承人，不受爱戴或不讨人喜欢的人继承王位（不管人们愿不愿意），或者国王突然离世。但是君主制的中断仍然是一种罕见的现象，这种现象太罕见了，以至于我们会立刻想到克伦威尔①，或许正是他帮助这个国家看到了一个好的独裁者会比一个糟糕的国王更糟糕。

当美好事物暴露在各种感受之下、没有受到保护却幸存（这一幸存的事实意味着对冲动、克制和真正的考验——真相到来的时刻——的推迟）下来时，主要有两件事需要考虑。

一件需要考虑的事与那些在任何时刻被卷入的个人有关。一件事物的幸存（在这里，我们指的是君主制）让这件事物变得有价值，并且它让各种各样、不同年龄的人都看到破坏的意愿和愤怒无关——它与一种原始的爱有关，而且毁灭发生在无意识幻想或梦境里。正是在个人内在精神现实中，这件事物被毁坏了。在清醒的生活中，不管这件事物是什么，它的幸存都带来了宽慰和新的信念感。现在我们都清楚了，不管我们有怎样的梦，也不管在我们的无意识幻想中出现了怎样的毁灭，那些事物得以幸存都是因为它们自身的品性。现在，这个世界开始成为一个独立存在的地方，一个我

---

① 17世纪英国资产阶级革命中资产阶级新贵族集团的代表人物，曾逼迫英国君主退位，解散国会，并转英国为资产阶级共和国，建立英吉利共和国，出任护国公，成为英国事实上的国家元首。——译者注

们生活在其中的地方,而不是一个我们害怕、需要我们去编译或者使我们迷失的地方,也不是一个只在白日梦或对幻想的沉溺中才需要去应对的地方。

这个世界上的很多暴力都属于想要实现毁灭的尝试,而这种破坏本身并不是破坏性的,当然,除非被破坏的对象没能幸存,或者被刺激得进行了报复。因此,对于个人来说,核心事物的幸存有重要而巨大的价值。在我们国家,君主制正是这类事物之一。现实变得更加真实,个人的原始探索冲动也变得不那么危险了。

另一件需要考虑的事与政治有关。假如有一个国家,它不算太大,有悠长的历史,它还是个岛(除了海洋,没有边境),那么它就有可能保持一种二元性。在其政治体系当中,既有会定期更迭的政府,也有不可摧毁的君主制("国王已死,国王万岁!")。

很明显的,也需要我们一次又一次地重申的是,民主议会制(在概念中与独裁制相反)的运转有赖于君主制的幸存,而且同样地,君主制的幸存也有赖于人民感觉到他们真的能够通过投票在一场议会选举中推翻一届政府,或者把首相赶下台。在这里,我们可以设想,推翻某届政府或某个首相这种行为一定要建立在感受的基础上(这些感受通过秘密投票得到表达),而非建立在民意调查(盖勒普或其他形式)的基础上,因为民意调查无法让人们表达出深层感受、无意识动机以及那些看似不合逻辑的倾向。

赶走一个政治人物或政党还涉及一件不那么紧随其后的事,即选举出一个替代者。就君主制本身而言,这件事会提前得到解决。以这样一种方式,如果一个国家的政局正处于动荡之中(它原本就该定期如此），那么君主就会给这个国家带来一种稳定感。

王位上的那个人的地位

很幸运地，一个真实的情况是君主制的幸存并不依赖于心理学或者逻辑学，以及一个哲学家或宗教领袖嘴里蹦出来的某个聪明的用词。最终，君主制的幸存有赖于那个王位上的男人或女人。看一看这个围绕着这些非常有意义的现象建立起来的理论，这会是一件很有意思的事。

无论何时，我们都能意识到一个事实，那就是虽然君主制能够建立在千年历史之上，但要毁掉它，一天就够了：君主制可以被虚假的理论或不负责任的媒体毁掉；一些人的嘲笑也可能让它不复存在。这些嘲笑者只能看到童话故事，或者只能看到一场芭蕾舞剧或戏剧表演。他们看到的其实是生活本身的一个方面，这个方面是需要得到清楚阐释的，因为人们在描述性的谈话中普遍没有提及。生活的这个方面涉及一个中间区域，从睡眠到醒来以及从醒来到睡眠的过渡就发生在这个区域——它属于游戏和文化经历，并且被过渡性客体以及过渡性现象占据着。所有这些都证明了这些个体的精神是健康的。①

令人惊讶的是，尽管关于人类人格和生存的理论主要是从个人梦境以及实际的或共享的现实这些角度去描述的，但是当我们不戴

---

① 请参看《过渡性客体和过渡性现象》的第一章，以及《游戏与现实》，伦敦，塔维斯多克出版社，1971年；纽约，基础图书，1971年；哈蒙兹沃思，企鹅图书，1985年。

有色眼镜去看的时候，我们还是会看到，大多数成年人、青少年、儿童、幼儿以及婴儿的生活都是在这个中间区域度过的。文明本身可以从这些角度得到描述。

对这个区域的研究最好首先在关于婴儿生活的方面开展。这些婴儿是那些在足够好的、有充分家庭生活的父母的照料下的婴儿。我已经尽我所能地阐述过，这个过渡性现象的区域的特征就是对自相矛盾的接受，这一矛盾将外部现实与内在体验相连。这个悖论必须永远存在。当一个婴儿手里拿着一块布或一只泰迪熊时，这件物品对于他的安全感和幸福感而言是至关重要的，它象征着总是会在他身边的母亲或相当于母亲的元素（相当于父亲的元素）。在这方面，我们永远不会提出这样一个疑问：是你创造了这个东西，还是你发现了一件已经存在的东西？对这个问题的答案没有什么意义，尽管这个问题是至关重要的。

就君主制而言，那个在王位上的男人或女人是每个人的梦想，不过他或她也是一个真实的男人或女人，有所有人类的共同特征。

只有当我们离这个女人（也就是女王）很遥远的时候，我们才能够在神话的领域里做关于她的梦并为她找到一个位置。如果我们与她近距离地生活在一起，那么可以推测，我们会发现我们很难维持这个梦。对于几百万人来说（当然，我也是这几百万人当中的一员），这个女人为我们实现梦想。同时她也是这样一个人类——当我等出租车的时候，我可能会看到她坐在她的车里，从白金汉宫出来去履行一些职责。这些职责是她生命的一部分，来自命运分配给她的角色。通过这些职责，她得到了我们当中大多数人的支持。当我被耽搁在路上、要迟到了并因此在心里咒骂的时候，我知道我需要一种仪式、一种防御，以及让美梦成真的全套程序。这个身为女王的女人有时可能也会很讨厌这一切，但是我们永远不会知道这一点，因为我们几乎没有途径可以接触到这个特殊的女人及其生活的细节。正是以这样的方式，我们维持住了她作为一种梦想的意义。如果没有这种意义，她不过就是一个邻居。

当然，我们会试图揭开那层面纱。在读到关于维多利亚女王的文字时，我们都兴趣盎然，也会编造一些多愁善感或粗鄙下流的故事。但是一切的核心是这样一个女人（或一个男人），她或者有或者没有这样一种能力，即面对挑衅和诱惑不为所动，让自己幸存并存在，直到死亡来临。由世袭制决定的继任者接管了这一可怕的责任。我们说这是一种可怕的责任，是因为在赤裸裸的现实中，它是不真实的。而且只要有生命，就会有死亡。在一些生死攸关的时刻会存在一种孤立，一种无与伦比的孤独。

在过渡性区域里，我们生活、游戏，我们是有创造性的。当我们审视这个区域时，悖论必须得到容忍而不是解决。为了让这一点更加清晰，我们可以去考察关于皇室画像的事实。这些画作有巨大的艺术价值。数个世纪以来，女王及其祖先都在进行收集，它们属于女王。然而与此同时，它们也属于这个国家，属于我们每一个人。因为女王是我们的女王，也是我们梦想的实体化。想象一下，假如君主制被废除了，这些可爱的收藏品会立刻变成一张高价货品清单，我们会把它们全部拱手让给那些在那时碰巧手里有很多钱的人。

正因如此，当女王代表我们行使所有权时，我们压根不需要思考它们有多少虚幻的金钱价值。

总结

因此，君主制的幸存有赖于其自身的固有属性——它位于议会和竞选活动中的政治斗争旁边，这些斗争大多以语言的方式进行；还有赖于我们自己的梦想或总的无意识潜能；有赖于在王位上的那个男人（或女人）实际上是怎样的，有赖于王室家庭的性质，有赖于事故和疾病造成的一些生死事件；有赖于社会的总体精神健康——在这个社会中，由于被剥夺而心怀怨恨或因为在早期关系中的匮乏而患病的人的比例并不太大；有赖于地理因素，等等。

觉得我们自己会保住那些使我们感觉美好的事物会是一个错误的想法。最终解决问题的一定是现实中的那位君主的求生能力。目前，我们似乎是幸运的。我们可以深深地理解那种压力。与那种压力时刻相伴的是登上这个国家的王位所带来的巨大荣耀和特权。这个国家不算大，四周环海，曾经有一首歌这样描述它："一个漂亮的有点拥挤的小岛"。

结论

我的论题不是拯救君主制。事实恰恰相反，君主制的持续存在是一种迹象，它说明此时此地我们具备那些使民主（一种在社会设置下的对家庭事务的反映）成为政治体系特征的条件，并且就目前而言，不管是良性的还是恶性的独裁统治（二者都是以恐惧为基础的），都不大可能发生。在这种状态下，如果个人在情感方面是健康的，他就能够发展出一种存在感，觉察到他身上的一些潜能，并把它们发挥出来。